Pythonで始める
Chemometrics Starting with Python
機器分析データの解析とケモメトリックス

森田 成昭　著

はじめに

本書では，分光分析によって得られるスペクトルや，分離分析によって得られるクロマトグラムといった機器分析データの解析について，具体的な分析手法を想定せず，どのようなデータでも扱えるように解説します．横軸となるパラメータを変化させながら，縦軸となる信号強度を記録する測定であれば，どのようなデータでも構いません．

分析化学では，系統誤差と偶然誤差が大きくならないように，機器分析の前に行う試料の前処理を工夫しますが，機器分析を終えた後も，後処理となるデータの解析を工夫して丁寧に行う必要があります．例えば，ベースラインの決め方やカーブフィッティングの条件設定で，定量分析の結果が大きく変わってしまうのを経験したことがある人は多いと思います．そういった機器分析データの解析は，化学を専門としていなくても，さまざまな分野で必要とされるスキルであり，身に付けることで活躍の場が広がるでしょう．さらに本書では，化学の分野に計量学（メトリックス）を取り入れたケモメトリックスと，その機器分析データへの応用についても解説します．

そのような高度なデータ解析やケモメトリックスには，高価なソフトウェアが必要だと思っている人がいるかもしれません．しかし現在では，PythonやRといったデータ解析に向いている無料の計算ツールが豊富にあり，分析化学の分野でも使われています．本書では，読者の皆さんがWindowsやMacOS上で動作する無料の統合環境であるAnacondaをコンピュータにインストールし，Anacondaに含まれているJupyter Notebookを使うことを想定して，Pythonによるデータ解析の解説をします．もちろんPythonに慣れている人はそれ以外の環境でプログラミングをしてもかまいませんが，初心者はJupyter Notebookを使ってPythonによるプログラミングを体験することをお薦めします．最近ではJupyter Notebookの後継に当たるJupyterLabの情報も増えてきたので，そちらを使っても構いません．ちなみに私は，Visual Studio Code (VSCode) というソースコードエディタに，いくつかの拡張機能を加えた環境でPythonによるプログラミングをしています．

紙面の都合上，本書でAnacondaのインストールや具体的な使い方の詳しい説明はしていません．幸い，多くの良書やウェブページがありますから，それらを使ってAnacondaやJupyter Notebookの使い方を習得してください．また，データ解析の理解に必要な，線形代数や統計の基礎についても丁寧な説明は控えました．こちらも基礎的な教科書で補ってください．Pythonの出力結果は、適宜丸めて記載しています．

本書で説明するサンプルプログラムファイルは全てGitHubからダウンロードできるようにしました．

https://github.com/shigemorita/python_chemometrics_ohmsha/

これらのファイルには，本書で紹介した内容に加えて，各プログラムのimport設定や，あると理解が進むコードなどを入れておきました．ご自分で動作確認をするだけでなく（出力結果の色もわかります），改良して皆さんのデータ解析にお役立て頂ければと思います．

本書の出版に当たり，的確なアドバイスをくださいましたオーム社諸氏，ご推薦くださいました明治大学の金子弘昌先生，愛知県立岡崎工科高等学校の井上満先生，執筆のサポートをしてくださいました研究室秘書の岩永理絵さん，鎗水茜さんにそれぞれ感謝申し上げます．

2022年8月

森田成昭

CONTENTS

■本書で用いている記号一覧

n ……… サンプルサイズ

r_{xy} ……… 相関係数

s^2 ……… 標本分散

u ……… 標準偏差

u^2 ……… 不偏分散

u_{xy}^2 ……… 共分散

$\bar{x}$ ……… 標本平均

μ ……… 母平均

σ^2 ……… 母分散

■本書で用いているプログラムコード文字

```
a b c d e f g h i j k l m n o p q r s t u v w x y z
1 2 3 4 5 6 7 8 9 0 _ ( ) [ ] < > = * + - . ,  " '
```

■その他

- 実行結果の桁数が多いものは，下位の桁を省略して記載しています．
- 執筆時のPythonのバージョンは，3.9.12です．
- 本書に限らず，Pythonの実行結果は，ご利用の環境によって差異のある場合があります．

●Jupyter Notebookでのサンプルファイルの開き方

以下に，Jupyter Notebookを使用した例を紹介します（OS：Windows）．

①anacondaをインストールします（https://www.anaconda.com/）．

②Anaconda Navigatorを起動します．

③Anaconda Navigatorに表示されたJupyter Notebookの「Launch」をクリックし，Jupyter Notebookを起動します．アイコンの形状等は，変更される場合があります．

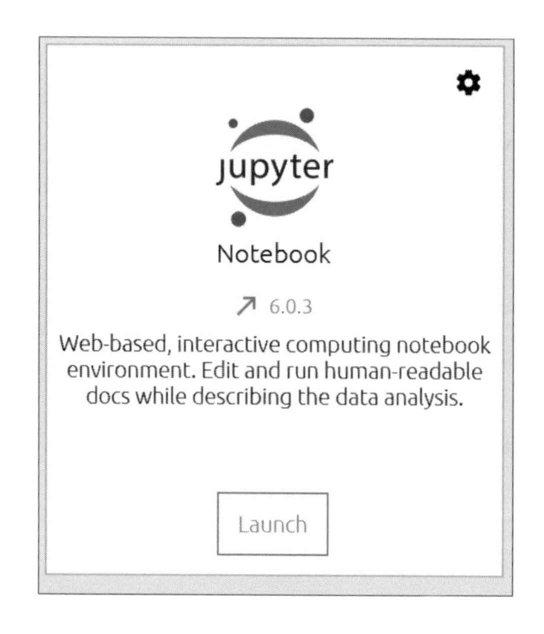

④ご利用されているブラウザでJupyer Notebookが起動します.

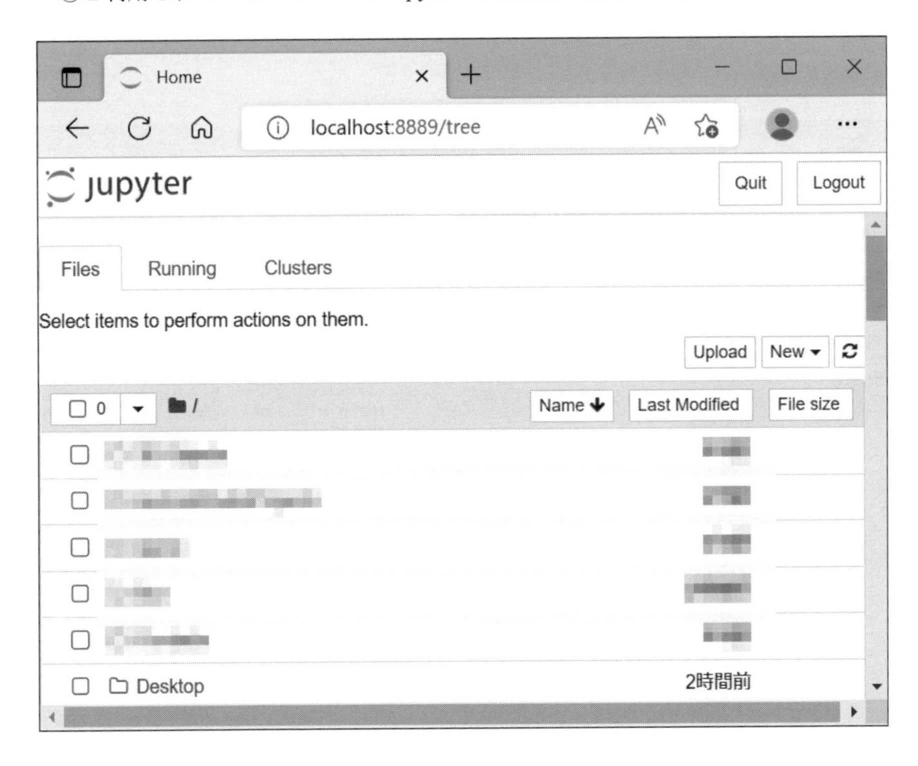

⑤フォルダを選択し，ダウンロードされたファイルのフォルダを表示します．

ここではDesktop（デスクトップ）の「python_chemometrics_ohmsha-main」を指定しています．

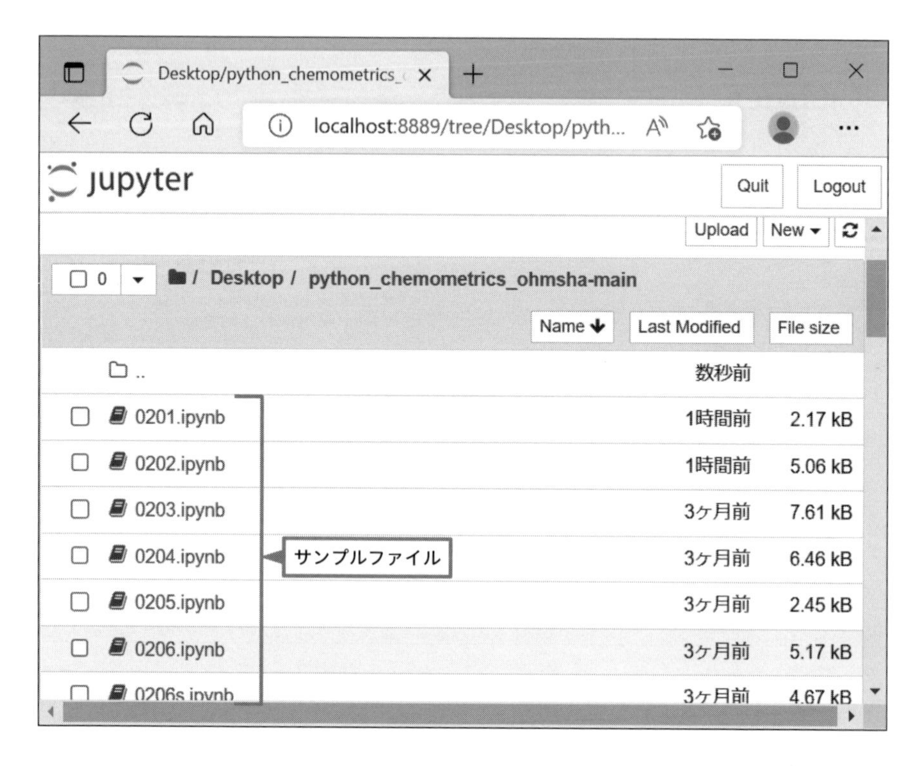

⑥実行するファイル名をクリックします．

以下は，0201.ipynbをクリックした例です．

随所に使い方のアドバイスも記しました．

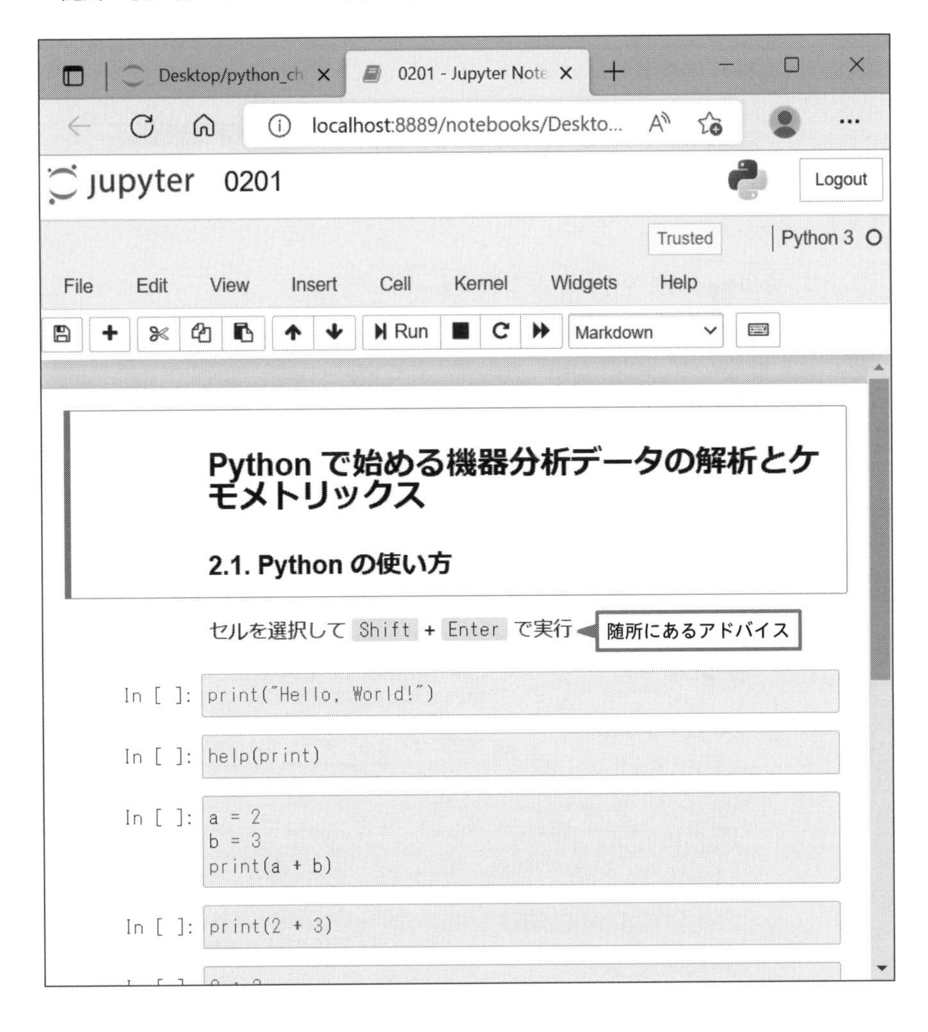

書籍では，長い行を折り返して記載してあります．

最初のセルにカーソルを置いて，Shift + Enter キーを押すと，

```
In [ ]: print("Hello, World!")
```

次のように実行されます．

```
In [1]: print("Hello, World!")
        Hello, World!
```

以下は，0404.ipynb をクリックした例です．

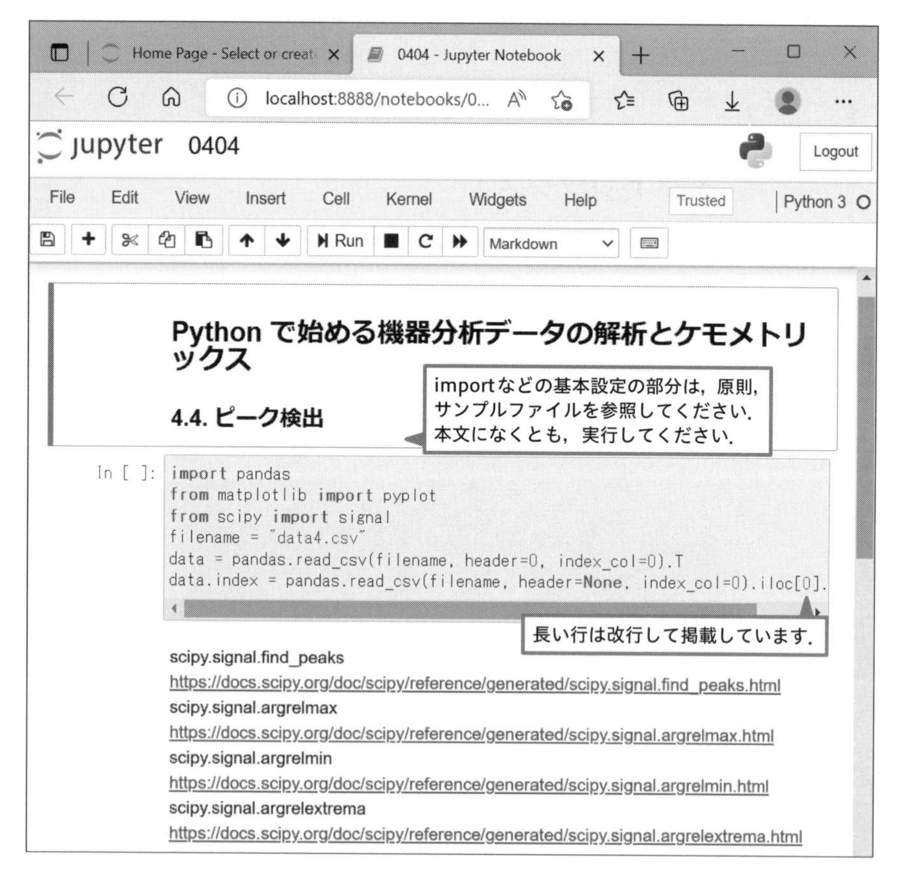

※実行に際して必要となるライブラリは，適宜インストールしてください．

1 機器分析の世界

私の祖父は明治生まれで，鉱床学の専門家でした．その当時，未開の地を切り開き，有用な資源が眠っている鉱床を新たに発見することが，国策として重要だったことは容易に想像できます．では，新たに採取した鉱石が価値あるものかどうかは，どのように調べればよいでしょうか？ そのためには化学分析が行われ，どのような物質がどのくらい含まれているのかを調べます．祖父は鉱石を目で見ただけで，何がどのくらい含まれているのかを，およそ言い当てることができたそうです．もちろん正確に調べるには，それなりの手順を踏まなければなりません．当時だと，鉱石を酸で溶かして溶液にし，煩雑な前処理を経て，最終的に滴定で分析をしていたと思われます．そのような分析は，正確に行えることも大切ですが，その場で，迅速に，簡易に行えることも求められ，祖父はそのような力を身に付けたのでしょう．

最近では，2010年にはやぶさ初号機が小惑星イトカワから，2020年にはやぶさ2が小惑星リュウグウから，それぞれ帰還に成功し，未知の鉱石を地球に持ち帰りました．では，現在において，そのような鉱石の分析はどのように行われているのでしょうか？ はやぶさプロジェクトでは，帰還後に最新の機器分析装置を用いて緻密な分析が行われただけでなく，探査機に近赤外分光器や蛍光X線分光器が搭載され，小惑星においてもリモートで現場分析が行われたそうです．昔も今も，設備が整った実験室に試料を持ち帰って丁寧に分析するだけでなく，その場で，迅速に，簡易に分析することも求められ，どちらにおいても分析化学の力が必要とされています．

また，新型コロナウイルス感染症（COVID-19）の世界的な大流行により，僅かな検体から感染の有無を正確に判断するために，ポリメラーゼ連鎖反応（PCR）検査の技術が使われ，分析の迅速化と簡易化が急速に進みました．このとき，多検体を迅速に分析するだけでなく，変異種の動態を調べるために精密な分析も行われました．このような緊急事態に，医療や政治の世界だけでなく，生物学や医学と連携した機器分析の世界も重要な役割を果たしています．

機器分析は，地球，宇宙，バイオ，医療といった分野の他に，農業，林業，水産業，工業，製薬，食品，醸造，土木，建築，文化財，環境，エネルギー，等のさまざまな分野で用いられており，現在の我々の暮らしになくてはならない基幹技術のひとつになっています．ここで全てを紹介することはできませんが，一部の代表的な機器分析を表1.1にまとめました．化学系に限らず，物理系や生物系でもこのような機器分析が行われており，さまざまな分野で必要不可欠なツールになっているといえるでしょう．

最近ではInternet of Things（IoT）によって，機器分析装置をインターネットに繋げることが珍しいことではなくなりました．既に，装置は実験室や生産現場にあり，データ解析用のワークステーションはサーバ室にあり，それらをオフィスや自宅から操作している人もいるでしょう．複数の機器分析装置によって測定された膨大なデータを，同一のシステムで一元的に管理することも一般的になっています．また，環境，海洋，宇宙といった分野では，継続的に計測されたデータが蓄積され，データベースとして公開されているものもあり，世界中で解析が行われています．本書では，規模の大小はさておき，そのようにして得られる機器分析データの解析方法について解説します．

表 1.1 機器分析の例

分析手法	具体例
分光分析	原子発光分光（AES） 紫外・可視分光（UV-Vis） 赤外分光（IR）
分離分析	液体クロマトグラフィー（LC） ガスクロマトグラフィー（GC）
電気分析	サイクリックボルタンメトリー（CV）
その他	X 線回折（XRD） 動的光散乱（DLS） 質量分析（MS） 示差走査熱量測定（DSC）

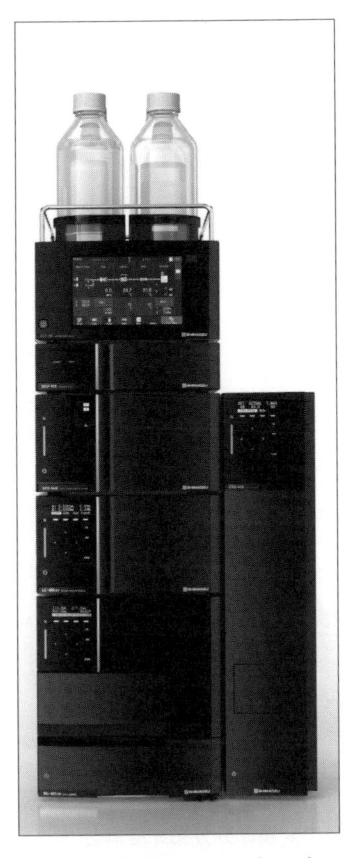

LC（高速液体クロマトグラフ）
写真提供：島津製作所（Nexeraシリーズ）

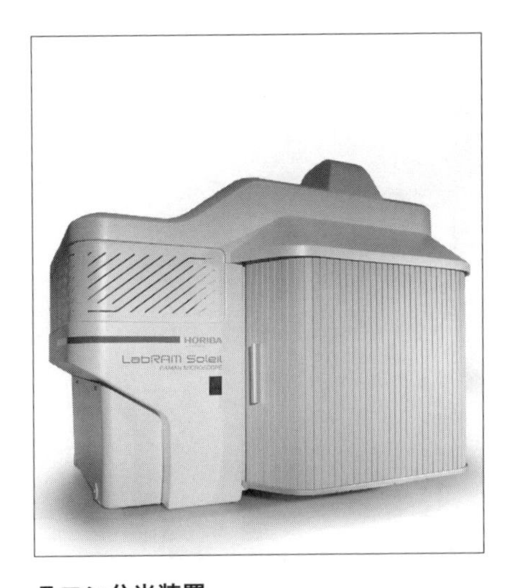

ラマン分光装置
写真提供：堀場製作所（LabRAM Soleil）

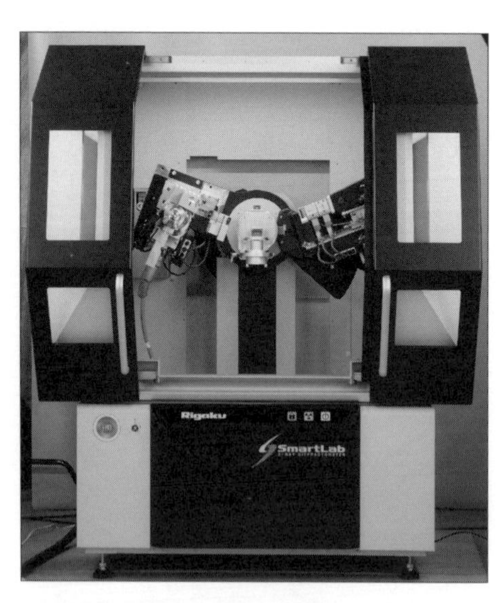

XRD（高分解能X線回折装置）
写真提供：リガク（SmartLAB　X-RAY
DIFFRACTOMETER）

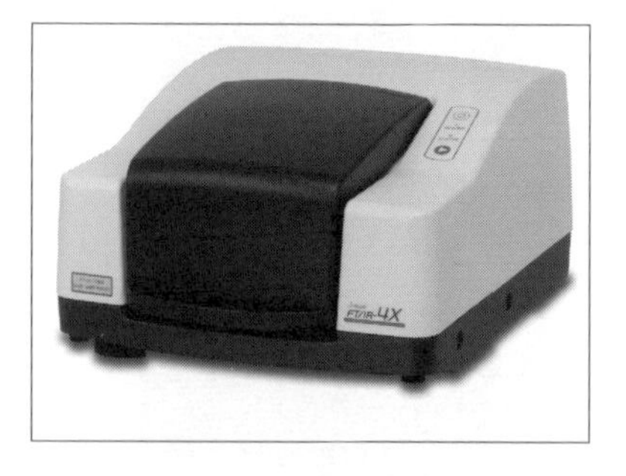

フーリエ変換赤外分光光度計
写真提供：日本分光（FT/IR-4X）

1.1 機器分析データの特徴

図1.1.1（左）に，多環芳香族のひとつであるピレンの紫外・可視（UV-Vis）吸収スペクトルを示します．横軸は波長，縦軸は吸光度です．このような機器分析を行うと，一般に，1列目に横軸の値，2列目に縦軸の値が書き込まれた，図1.1.1（右）に示すような構造のデータがファイルに保存されます．このデータは220-360 nmの波長範囲を1 nmの波長間隔で測定されていますから，141点の吸光度からなる1次元配列（ベクトル）として扱うことができます．

図 1.1.1（左）1本のスペクトルと（右）そのデータファイル構造

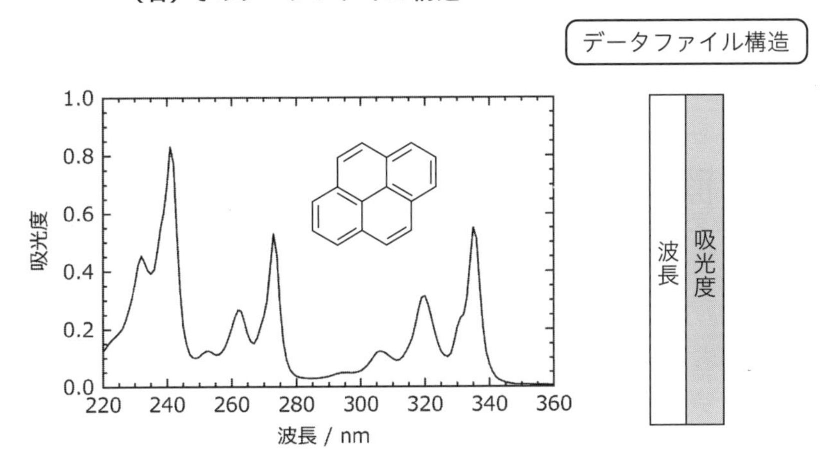

このとき，濃度や温度といった試料の状態や，採取した場所のように試料そのものを変えて，複数の機器分析データを測定することがあるでしょう．例えば濃度を10％ごとに変えて0-100％の範囲を測定すると，次頁の図1.1.2（左）に示す11本のスペクトルが得られ，図1.1.2（右）に示すような構造のデータファイルを得ることができます．これは，141行11列からなる縦長の2次元配列（行列）に格納された吸光度データということになります．一般に，機器分析を行うと，スペクトルの波長やクロマトグラムの保持時間といった横軸のデータ点数は，測定試料の数に比べて多くなり，そのデータファイル構造は図1.1.2（右）に示したような縦長の2次元配列になりやすい傾向があります．

図 1.1.2 (左) 複数のスペクトルと
(右) そのデータファイル構造

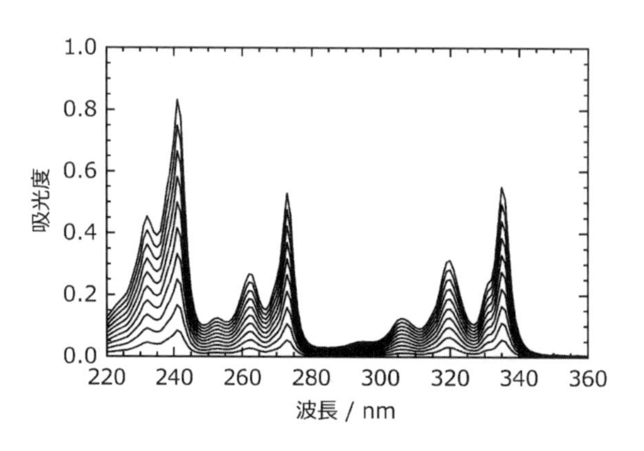

1.2 機器分析とケモメトリックス

健康診断を受診すると，身長，体重，血圧，視力，聴力といった複数の項目が測定され，受診者の人数分だけデータが蓄積されて，図1.2.1(左) に示したようなデータセットが得られます．ことのき，受診者の人数は測定項目の数より多いでしょうから，一般に，データセットは縦長の2次元配列になります．

図1.2.1 (左) に示した健康診断によって得られるデータセットは，図1.1.2 (右) に示した機器分析によって得られるデータファイルの構造と同じ縦長になっていますが，データ解析をするときに同じように扱うことができるでしょうか？ 健康診断のデータセットでは，同一人物のデータが横に並んでいるのに対して，機器分析のデータセットでは，同一試料のデータが縦に並んでいます．ですから，健康診断のデータセットと機器分析のデータセットは，データ解析において同じように扱うことができません．

これを回避するために，縦長の構造でコンピュータに保存された機器分析データは，データ解析をする前に，行と列を入れ替える転置の操作を行って，図1.2.1 (右) に示すような横長の構造に変換します．これにより，健康診断のデータセットは縦長，機器分析のデータセットは横長になりますが，データ解析において同じように扱うことが可能になります．すなわち，同一サンプルのデータは横方向に並びますし，同一測定項目のデータは縦方向に並びます．スペクトル測定でいうと，ある濃度で測定したスペクトルは横に並びますし，ある波長に設定して測定した吸光度データは縦に並ぶということです．

ここで，濃度のような，各測定試料を特徴付ける値や名前を**サンプル**，波長のような，各測定において条件がそろえられているパラメータを**説明変数**と呼ぶことにします．健康診断の場合，受診者の名前がサンプルで，身長や体重といった測定項目が説明変数となります．ここで注意が必要なのは，例えばスペクトル測定で，試料のことをサンプルと呼ぶこともあれば，その試料におけるスペクトルデータのことをサンプルと呼ぶことがありますし，波長のことを説明変数と呼ぶこともあれば，その波長における吸光度データのことを説明変数と呼ぶこともあります．これは，サンプル（におけるデータ）や説明変数（におけるデータ）の括弧内が省略されることもあると理解すればよいでしょう．

図 1.2.1（左）健康診断によって得られる縦長のデータセットと，（右）分光分析によって得られる横長のデータセット

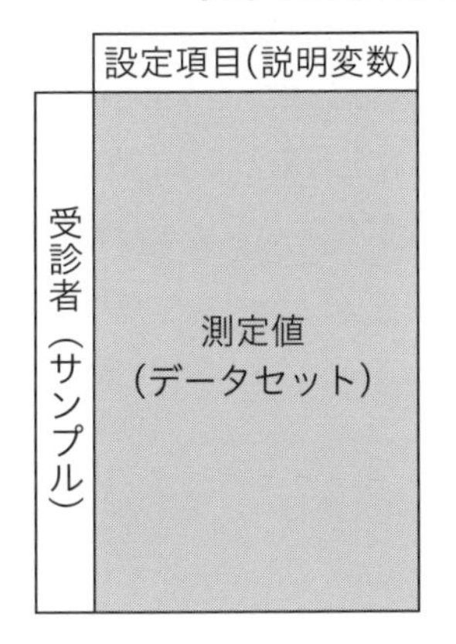

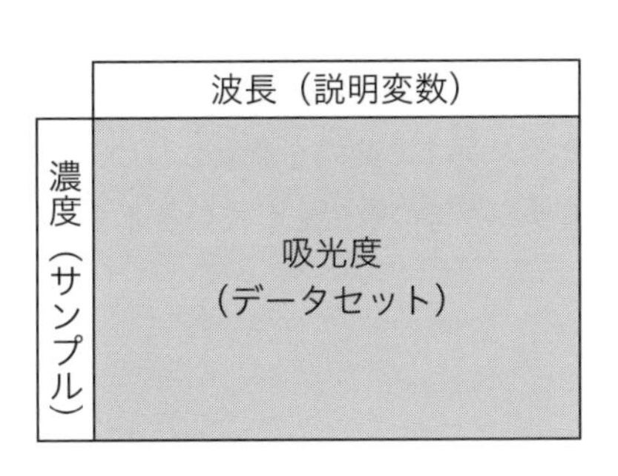

一般的な機械学習の教科書は，健康診断のデータセットのように，サンプル方向にデータ点数が多い，縦長の構造となったデータセットを使って解説が進みます．これに対し，機器分析によって得られるデータセットは，波長や保持時間といった説明変数方向にデータ点数が多い，横長の構造になりやすいことを忘れないでください．これにより，機器分析によって得られるデータセットを，機械学習のような，一般的なデータ解析方法に直接適応すると，うまくいかないことがあります．本書

では，その回避方法についても詳しく説明します．

機器分析によって得られるデータセットが横長の構造になりやすい点に注意すれば，データサイエンスの分野で使われているさまざまな機械学習の手法を機器分析データの解析に応用することが可能です．むしろ分析化学の世界では，人工知能（AI）ブームの黎明期から，多変量解析の考え方を積極的に取り入れ，分析精度を向上させる試みが行われてきました．そのような分野を**ケモメトリックス**といいます．ケモメトリックス（Chemometrics）は，1970年代に**Svante Wold**によって提唱された，化学（Chemistry）と計量学（Metrics）を組み合わせた造語で，日本語にすると「計量化学」です．Svante Woldの父であるHerman Woldは，経済学に統計学を適応したエコノメトリックスの研究をしており，その影響があったのでしょう．ケモメトリックスも，化学における実験データの解析に統計学の考え方が用いられます．

ケモメトリックスは，データサイエンスの分野の影響を受けながら，化学の分野に特化して，分析化学で求められるデータ解析手法を提供してきました．一昔前までは，ケモメトリックスの計算を行うのに，専門的な知識や高価なソフトウェアが必要で，未経験者が挑戦するには敷居が高かったかもしれません．しかし今日では，PythonやRといった無料の計算ツールが身近になり，個人でケモメトリックスの学習を始めることが容易になっています．本書では，初心者を対象として，最近のデータサイエンスの動向を意識しつつ，機器分析データを解析することを目的に，ケモメトリックスの解説もしていきます．

2 Python基礎

Pythonはプログラミング言語のひとつで，さまざまな用途に使われていますが，その中でもデータサイエンスの分野でよく用いられています．なぜデータサイエンスの分野でPythonがよく選ばれているのかというと，データ解析に適したライブラリが充実しているからです．本書でもデータ解析やケモメトリックスの計算に使えるライブラリを積極的に活用していきます．Pythonと類似して，データサイエンスの分野でよく使われているプログラミング言語に，RやMatlabがあります．PythonはRやMatlabと比較して日本語で書かれた教科書がたくさんあるので，初心者でも勉強しやすいといえるでしょう．もちろんRやMatlabを使ってデータ解析やケモメトリックスの計算をしてもかまいませんし，そういった人も世界中にたくさんいます．Pythonでプログラムを書いて実行するための環境にはさまざまなものがあり，本書を読み進めるにあたって，どれを選んでもかまいません．Pythonを始めて使うという人にはJupyter Notebookをお薦めします．Jupyter Notebookは，統合環境Anacondaをインストールすると使うことができるようになります．Anacondaはwebページ（https://www.anaconda.com/）からWindows版，MacOS版，Linux版のいずれかを選んで無料でダウンロードできます．Pythonを全く使ったことがないという人は，まずはAnacondaをインストールしてJupyter Notebookを立ち上げるところから始めましょう．

Jupyter Notebookは，その前身であるIPython Notebookの後継で，IPython Notebook形式（.ipynb）のソースコードファイルを扱うことができます．IPython Notebook形式は，一般的なPython形式（.py）とほとんど一緒ですが，IPython Notebook形式だけの書式もあるので，どちらも扱う場合は注意してください．Python形式のソースコードファイルは，Anacondaの場合，それに含まれているSpyderを使って実行が可能です．本書ではJupyter Notebookを使ってIPython Notebook形式でプログラミングをしていきます．IPython Notebook形式は，

Jupyter Notebookだけでなく，その後継であるJupyterLabや，ブラウザ上で動作するGoogle Colaboratoryでも扱うことが可能です．ただしGoogle Colabratoryはクラウド上でプログラムを実行するので，データファイルの扱いには工夫が必要です．

2.1 Pythonの使い方

それではさっそくPythonによるプログラミングを始めます．Pythonはインタプリタ型の言語で，入力したソースコードを逐次実行していきます．まず，次の1行を入力して実行してみましょう．

0201.ipynb

```
print("Hellow, World!")
```

Jupyter Notebookの場合，右上のNewからPython 3を選んで新しいノートブックを準備し，なにも書かれていないセルにソースコードを入力して Shift + Enter とすると，書かれた内容が実行されます．Jupyter Notebookでこの1行を実行すると，セルの下にHello, World!と出力されたと思います．Pythonではダブルクォーテーション（"）かシングルクォーテーション（'）で囲われた範囲を文字列として扱います．ここでは，標準出力である画面への表示を行うprint関数に，ダブルクォーテーションで囲われた文字列が渡されています．print関数の使い方を調べたいときは，help関数を使ってhelp(print)を実行してみてください．

次に，新しいセルに以下を入力して，同じように実行してみましょう．

0201.ipynb

```
a = 2
b = 3
print(a + b)
```

計算結果の5が出力されたと思います．ここでaとbは変数で，変数の型は自動的にint型（整数型）が選ばれました．このようにPythonでは動的型付けが行われます．また，変数を使わないで直接print(2 + 3)と入力してもよいですし，Jupyter Notebookの場合は2 + 3と入力しただけでも計算をしてくれます．まずはPythonを電卓のように使って四則演算ができることを確認しましょう．Pythonはソースコードにおける大文字と小文字を明確に区別しますから，Print(a + b)やprint(A + B)のように書くとエラーになります．

ソースコード内にコメントを残したいときはハッシュ（#）を使います．Pythonでは，#から行末までは実行時に無視されますが，#より前は有効となります．

0201.ipynb

```
# print(2 + 3) ハッシュ (#) から行末までは実行時に無視される
print(3 + 4)  # ハッシュ (#) より前は有効
```

2.2 ライブラリ

Pythonのライブラリには，最初から準備されている標準ライブラリと，Python Package Index（PyPI）に登録されており，後から追加することができるパッケージとがあります．統合環境であるAnacondaをインストールすると，よく使われるパッケージは一通り自動でインストールされます．皆さんが現在使っている環境でインストールされているパッケージを確認してみましょう．そのためにはconda listを実行します．

本書では，numpy，pandas，scipy，matplotlib，scikit-learnとったパッケージを使います．Anacondaを使っている場合，既にこの5つはインストールされていると思います．特定のパッケージがインストールされているかどうかを確認するにはconda info（パッケージ名）を実行します．この5つがインストールされているかどうかを確認しておきましょう．

また，本書ではAnacondaを推奨しますが，初期状態ではインストールされないパッケージを使うこともあります．もし使うパッケージがインストールされていなかったら，使用環境に合わせてインストールする必要があります．Anacondaではconda install（パッケージ名）でインストールできます．詳しくは，インストールする前にweb検索をして調べてみてください．例えば本書では，後でpyMCRというパッケージを使いますが，Anacondaには最初からインストールされていません．AnacondaにpyMCRをインストールするには，anaconda pymcrでweb検索をすると，インストールする方法を見つけることができます．パッケージは開発が次々と進んでいきますので，インストールする際は最新の情報をweb検索で得るようにしてください．

それではライブラリの使い方を説明します．ライブラリは一般に，オブジェクト指向による階層構造となっています．まずはnumpyパッケージのrandomモジュールにあるnormal関数（numpy.random.normal関数）を使って，平均が0，標準偏差が1である正規分布に従う乱数を生成してみましょう．パッケージを全て読み込むときはimport文を使ってimport（パッケージ名）とします．計算結果は乱数なので毎回違う値になることを確認しましょう．

0202.ipynb

```
import numpy
r = numpy.random.normal()
print(r)
```

また，import（パッケージ名）as（別名）とすることでパッケージに別名を付けることもできます．ここではnumpyにnpという別名を付けて読み込んでみます．

0202.ipynb

```
import numpy as np
r = np.random.normal()
print(r)
```

from（パッケージ名）import（モジュール名）と書くと，パッケージ全体ではなく，パッケージにある一部のモジュールだけを読み込むことができます．

0202.ipynb

```
from numpy import random
r = random.normal()
print(r)
```

このとき，from（パッケージ名）import（モジュール名）as（別名）とすることで，読み込むモジュールにも別名を付けることが可能です．ここではnumpyパッケージにあるrandomモジュールにrdという別名を付けて読み込んでみます．

0202.ipynb

```
from numpy import random as rd
r = rd.normal()
print(r)
```

あるいは次のように書いてもかまいません．

0202.ipynb

```
import numpy.random as rd
r = rd.normal()
print(r)
```

また，パッケージやモジュールから，一部の関数だけを読み込んでもかまいません．

0202.ipynb

```
from numpy.random import normal
r = normal()
print(r)
```

同じライブラリを使うときにさまざまな書き方ができるので，他の人が書いたプログラムを読むときには注意してください．逆に，自分が書いたプログラムが他の人にも読みやすいことも大切です．Pythonでプログラムを書くときのスタイルガイドにPEP8というコーディング規約（https://pep8-ja.readthedocs.io/）があり，それを守ることが推奨されています．一度，読んでおくとよいでしょう．

ライブラリの読み込みは，1度行ったら計算環境を終了するまで有効です．本書の途中からプログラミングを試すときは，必要なライブラリの読み込みを先に行うことを忘れないようにしてください．

パッケージやモジュールの属性はdir関数で調べることができます．`print(dir(numpy))`や`print(dir(numpy.random))`を実行してみましょう．numpyの下の階層にrandomがありますし，numpy.randomの下の階層にnormalがあることを確認できます．Jupyter Notebookでは`numpy.`まで書いて Tab キーを押すだけでも属性を調べることができます． Tab キーに続いて r を入力するとrから始まる補完候補があらわれ，その中からrandomを選ぶことも可能です．また，type関数を使うと型を確認することができます．`print(type(numpy.random.`

normal))を実行するとnumpy.random.normalが関数であり，print(type(numpy.random.normal()))を実行するとnumpy.random.normal()がfloat型であることがわかります．

> **ここまでのまとめ**
>
> ・パッケージ全体の読み込み：
> import (パッケージ名)
>
> ・パッケージにある一部のモジュールだけの読み込み：
> from (パッケージ名) import (モジュール名)

2.3 データの読み込みと保存

UV-Visスペクトルを模擬して，波長300-700 nmの範囲で，最大吸収波長500 nm，最大吸収波長における吸光度1，半値全幅100 nmとなるガウスピーク波形のデータを生成し，CSVファイル形式で保存と読み込みをしてみましょう．横軸の波長をx，縦軸の吸光度をyとします．平均がμ，分散がσ^2である正規分布（ガウス分布）は

$$y(x) = \frac{1}{\sqrt{2\pi}\sigma}\exp\left(-\frac{(x-\mu)^2}{2\sigma^2}\right)$$

ですが，このときの半値全幅は$w = 2\sqrt{2\ln 2}\sigma$ですから，中心がμ，最大値がA，半値全幅がwであるガウスピーク波形は

$$y(x) = A\exp\left(-4\ln 2\frac{(x-\mu)^2}{w^2}\right)$$

で描くことができます．

それではさっそくプログラミングをしてみましょう．まずは今回使うライブラリを全て読み込んでおきます．

0203.ipynb

```
import numpy
import pandas
from matplotlib import pyplot
```

numpyは多次元配列を含むさまざまな数値計算を行うためのパッケージです．pandasはデータ構造を扱うためのパッケージで，1次元構造（Series），2次元構造（DataFrame），3次元構造（Panel）を扱うことができます．実際の計算は処理速度が速いnumpyを使いますが，表計算ソフトでデータを加工したり，データベースソフトでデータを管理するような作業をPythonで行いたいときはpandasを使います．また，numpyは配列（array）と行列（matrix）を区別して扱います．numpy.arrayは，正確にいうと，numpy.ndarray（データ型）とnumpy.array（関数）を区別して表記しなければなりませんが，本書では簡単のため，どちらもnumpy.arrayと表記します．pandas.DataFraeme（2次元データ構造），numpy.array（配列），numpy.matrix（行列）はそれぞれ似ていますが，違いもあるので注意してください．本書でもnumpyとpandasのそれぞれの特徴を活かしてプログラミングをしていきます．matplotlibはグラフ描画のためのパッケージで，いくつかあるモジュールのうち，ここではpyplotだけを使います．

次に，横軸（波長）に対応する1次元配列xを準備します．今回は300から700まで，5ずつ増加する等差数列となる1次元配列を準備します．等差数列を生成するにはnumpy.arange関数を使います．numpy.arange関数の引数はstart, stop, stepの3つです．startとstepは省略可能で，省略したときの値はそれぞれ0と1です．`numpy.arange(3)`は`numpy.arange(0, 3, 1)`の省略で，実行結果はnumpy.arrayオブジェクトである1次元配列の[0, 1, 2]が出力されます．ここで注意が必要なのは，numpy.arange(start, stop, step)はstart以上stop未満の等差数列が出力されるということです．ですから`numpy.arange(300, 700, 5)`とすると，300から695までの等差数列となってしまいます．そこで今回は，xが300から700までの等差数列となるように，次のように記述しておきます．

0203.ipynb

```
xmin, xmax, xdiv = 300, 700, 5
x = numpy.arange(xmin, xmax + xdiv, xdiv)
```

生成した1次元配列xをprint(x)で確認してみましょう．Jupyter Notebookの場合は，セルの最終行に変数名であるxを書いて実行するだけでも確認が可能です．

次に，縦軸（吸光度）に対応する1次元配列yを準備します．

0203.ipynb

```
center, ymax, width = 500, 1, 100
y = ymax * numpy.exp(-4 * numpy.log(2) * (x - center) ** 2 / width
** 2)
```

ここで，numpy.exp(a)は$\exp(a)$を，numpy.log(a)は$\ln(a)$を，a ** bはa^bを，それぞれ計算しています．変数yは式の中に1次元配列xが含まれているので，yも自動的にxと同じ要素数の1次元配列になります．ここでもprint(y)によって変数yの中身を確認しておきましょう．

これで横軸（波長）と縦軸（吸光度）の値が格納された1次元配列xとyをそれぞれ準備することができました．実際に生成したデータがガウスピーク波形となっているかを確認してみましょう．この場合はpyplot.plot関数を使って次のようにグラフを描画することができます．

0203.ipynb

```
pyplot.plot(x, y)
pyplot.show()
```

実行結果

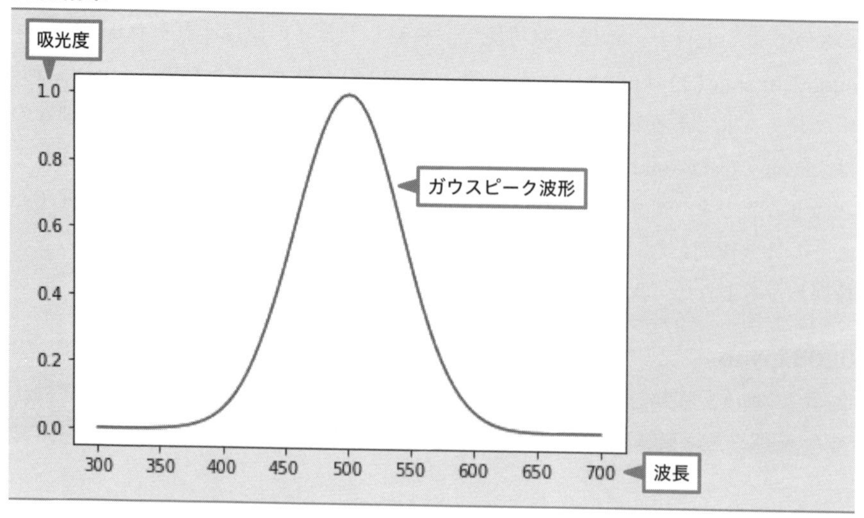

このとき第1引数xを省略してpyplot.plot(y)とすると，横軸は波長ではなく連番[0, 1, 2,･･･]になります．

次に，1次元配列xとyから，xをインデックス，yを値とするpandas.Seriesオブジェクトを生成し，変数dataに格納してみましょう．

0203.ipynb

```
data = pandas.Series(y, index=x)
```

このようにして生成したpandas.Seriesオブジェクトであるdataは，インデックス（波長）の情報をdata.indexによって，値（吸光度）の情報をdata.valuesによって，それぞれ取り出すことができます．グラフを描画するにはdata.plot()とします．pandas.SeriesオブジェクトであるdataをCSV形式でファイルに保存するには，次のようにpandas.Series.to_csv関数を使います．

0203.ipynb

```
filename = "data1.csv"
data.to_csv(filename, header=False)
```

逆に，1列目にインデックス（波長），2列目に値（吸光度）が書き込まれているCSV形式のファイルをpandas.Seriesオブジェクト形式で読み込むには，次のようにpandas.read_csv関数を使います．

0203.ipynb

```
filename = "data1.csv"
data = pandas.read_csv(filename, header=None, index_col=0
).squeeze()
```

このとき，読み込むCSVファイルはプログラムと同じフォルダにある必要があります．ファイルの保存や読み込みで，別のフォルダにアクセスするときは，標準ライブラリのosモジュールを使います．

ここまでの説明で，図1.1.1に示したような1本のスペクトルデータをCSVファイルから読み込んだり，CSVファイルに保存したりすることができるようになりました．何らかの機器分析データを持っている人は，図1.1.1に示したデータ構造のCSVファイルを準備し，pandas.Seriesオブジェクトとして読み込んでプロットをしてみましょう．

ここまでのまとめ

・等差数列の生成：
```
numpy.arange(start, stop, step)
```
・numpy.arrayオブジェクトのプロット：
```
pyplot.plot(x, y)
```
・numpy.arrayオブジェクトをpandas.Seriesオブジェクトに変換：
```
pandas.Series(y, index=x)
```
・pandas.Seriesオブジェクトのプロット：
```
pandas.Series.plot()
```
・pandas.SeriesオブジェクトをCSVファイルとして保存：
```
pandas.Series.to_csv(filename, header=False)
```
・CSVファイルをpandas.Seriesオブジェクトとして読み込み：
```
pandas.read_csv(filename, header=None, index_col=0
).squeeze()
```

次に，図1.1.2に示したような，複数のスペクトルデータを読み込んだり保存したりする方法を説明します．まずは濃度情報を模擬した1次元配列cを準備しましょう．ここでは0から1まで，0.1ずつ増加する等差数列とします．計算機の中では単位を扱いませんが，実際の色素を使った場合，濃度はμmol L^{-1}程度のオーダーとなるでしょう．横長の濃度ベクトルcを縦長のベクトルに転置し，それに横長の吸光係数ベクトルyを掛けて，吸光度行列aを準備します．

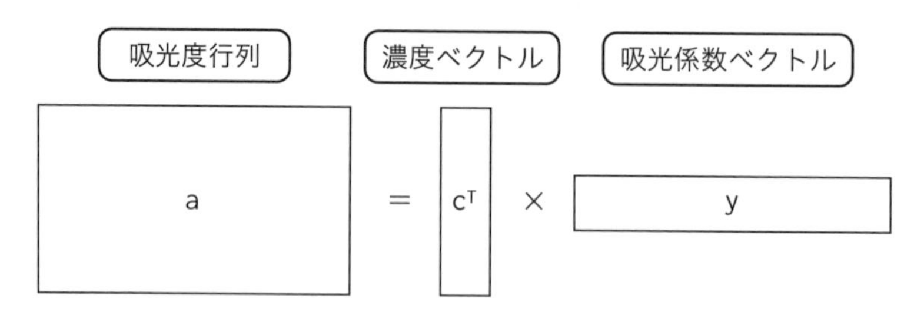

このとき，numpy.arrayオブジェクトであるaのサイズはnumpy.shape(a)で確認することができます．濃度方向に11行，波長方向に81列の2次元データとなっていることを確認しておきましょう．numpy.arrayオブジェクトであるaをpandas.

DataFrameオブジェクトに変換するにはpandas.DataFrame(a)とします．このとき，濃度のようなサンプルの情報をdata.indexに，波長のような説明変数の情報をdata.columnsに格納しておくことができ，変換するときに指定するには次のようにします．

0203.ipynb

```
cmin,cmax,cdiv=0, 1, 0.1
c = numpy.arange(cmin, cmax + cdiv, cdiv)
a = numpy.array([c]).T * y
data = pandas.DataFrame(a, index=c, columns=x)
```

print関数を使って，data.indexとdata.columnsに格納された濃度情報と波長情報をそれぞれ確認しておきましょう．吸光度情報はdata.valuesで確認できます．また，print(data)を実行することで，pandas.DataFrameオブジェクトであるdataが，図1.2.1（右）に示したデータ構造になっていることを確認できます．Jupyter Notebookの場合はdisplay関数を使ってdisplay(data)とすると，pandas.DataFrameオブジェクトのレイアウトを保ったまま表示してくれるので便利です．

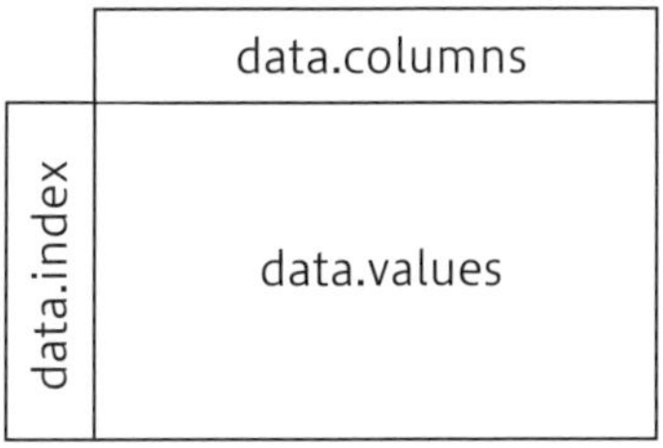

data.columns
data.index
data.values

data.indexを確認すると，例えば4つ目の値が0.3ではなく0.3000…となっています．これはfloat型（浮動小数点数型）の表現誤差によるもので，我々が扱う10進数を計算機の中では2進数に変換しているために起こっています．このような計算機による誤差は計測の段階から起こっていますから，今のところ気にすることはありませんが，もしプログラミングで解決したいなら2行目にnumpy.round関数を使ってc = numpy.round(numpy.arange(cmin, cmax + cdiv, cdiv), 1)として10進数を少数第1位で丸めるとよいでしょう．

次に，pandas.DataFrameオブジェクトであるdataをグラフに描いて可視化してみます．

0203.ipynb

```
data.T.plot()
```

実行結果

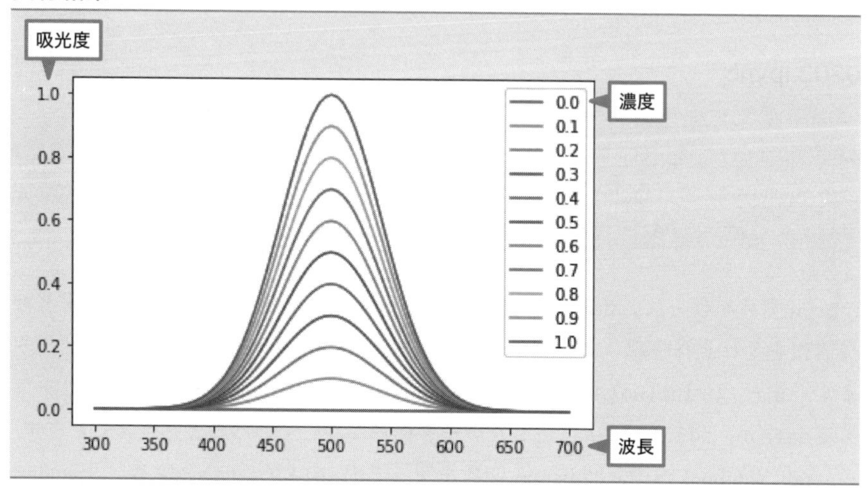

pandas.DataFrameオブジェクトはpandas.DataFrame.plot()で可視化できますが，このときの横軸はpandas.DataFrame.indexが選ばれます．今，`data.index`には濃度情報が格納されていますので，`data.plot()`とすると，横軸が濃度になってしまいます．そこで，行と列を入れ替えて転置行列に変換しておきます．pandas.DataFrameオブジェクトを転置するにはpandas.DataFrame.Tとします．これで，`data.T.index`，即ち波長が横軸となってプロットされます．

次に，pandas.DataFrameオブジェクトである`data`をCSVファイルとして保存してみましょう．

0203.ipynb

```
filename = "data2.csv"
data.T.to_csv(filename)
```

pandas.DataFrameオブジェクトの保存はpandas.Seriesオブジェクトの保存とほぼ同じですが，図1.1.2（左）に示したように，横長のデータセットを縦長のファイル構造にしてから保存したいので.Tプロパティによって転置してから.to_csv関数によってファイルに保存しています．

逆に，図1.1.2（左）に示したデータ構造のCSVファイルをpandas.DataFrameオブジェクトとして読み込むには，pandas.read_csv関数を使います．

0203.ipynb

```
filename = "data2.csv"
data = pandas.read_csv(filename, header=0, index_col=0).T
data.index = pandas.read_csv(filename, header=None, index_col=0
).iloc[0].values
```

引数headerはpandas.DataFrame.indexを読み込む列番号の指定，引数index_colはpandas.DataFrame.columnsを読み込む行番号の指定です．ファイル構造は縦長ですが，各スペクトルを横に並べた横長のデータセットにしておきたいので，pandas.read_csv関数の直後に.Tプロパティを付けてデータセットを転置させました．data.indexはobject型として読み込まれてしまうので，数値として読み込んで上書きをしておきます．

ここまでのまとめ

- numpy.arrayオブジェクトをpandas.DataFrameオブジェクトに変換：
  pandas.DataFrame(numpy.array)
- pandas.DataFrameオブジェクトをnumpy.arrayオブジェクトに変換：
  pandas.DataFrame.values
- numpy.arrayオブジェクト / pandas.DataFrameオブジェクトの転置：
  numpy.array.T / pandas.DataFrame.T
- pandas.DataFrameオブジェクトのプロット：
  pandas.DataFrame.plot()
- pandas.DataFrameオブジェクトをCSVファイルとして保存：
  pandas.DataFrame.to_csv(filename)
- CSVファイルをpandas.DataFrameオブジェクトとして読み込み：
  pandas.read_csv(filename, header=0, index_col_0).T

2.4 panads.DataFrameオブジェクト

本節では，pandas.DataFrameオブジェクトの扱い方について，もう少し詳しく説明しておきます．まずは前節で保存したdata2.csvをpandas.DataFrameオブジェクトであるdataとして読み込みましょう．

0204.ipynb

```
import numpy
import pandas
filename = "data2.csv"
data = pandas.read_csv(filename, header=0, index_col=0).T
data.index = pandas.read_csv(filename, header=None, index_col=0
).iloc[0].values
```

data.indexにはサンプル（濃度）の情報が，data.columnsには説明変数（波長）の情報が，それぞれ格納されています．波長は300から700まで，5ずつ増加する等差数列でした．1次元配列であるdata.columnsの最初の要素はdata.columns[0]で取り出すことができます．1次元配列aの最初の要素がa[1]ではなくa[0]であることに注意しましょう．data.columnsの要素の数を数えるにはlen関数を使ってlen(data.columns)とします．これによりdata.columnsの要素の数は81であることがわかりました．1次元配列aの1番目の要素はa[0]，2番目の要素はa[1]ですから，p番目の要素はa[p - 1]，81番目の要素はa[80]となります．ですからdata.columnsの最後の要素はdata.columns[len(data.columns) - 1]で取り出すことができます．これを省略して，data.columnsの最後の要素はdata.columns[-1]，最後から2番目の要素はdata.columns[-2]で取り出すこともできます．

1次元配列aのp + 1番目（a[p]）からq番目（a[q - 1]）までを抽出して新たな1次元配列を得るにはa[p:q]とします．別な言い方をすると，1次元配列aのインデックスがp以上q未満である範囲を抽出するにはa[p:q]とします．このとき，pを省略してa[:q]とするとa[0:q]と同じ結果が得られ，qを省略してa[p:]とするとインデックスがp以上の範囲が得られます．ここで，a[p:-1]はa[p:]と同じにならないことに注意してください．a[p:q]において，pとqの両方を省略して

a[:]としてもかまいません．data.columnsはdata.columns[:]の省略です．例えば，data.columns[30:51]とすると450から550の波長範囲を取り出した新たな1次元配列を得ることができます．

波長がxとなっている要素のインデックスを調べるにはnumpy.where関数を使ってnumpy.where(data.columns == x)[0][0]とします．ただしxに該当する要素がないときはエラーになってしまいます．そのようなときはnumpy.arrayオブジェクトの要素の中で最小値を検索するnumpy.min関数や最大値を検索するnumpy.max関数を使います．波長がxよりも大きい最小の要素のインデックスはnumpy.min(numpy.where(x <= data.columns))によって，波長がxよりも小さい最大の要素のインデックスはnumpy.max(numpy.where(data.columns <= x))によって検索できます．

図 2.4.1　1次元配列aからの抽出

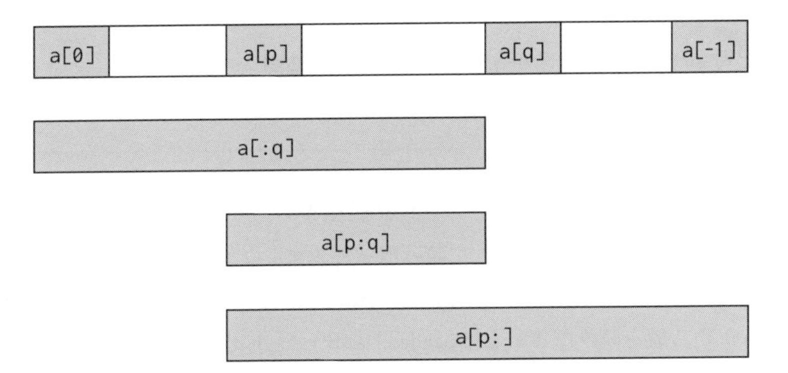

ここまでのまとめ

- 1次元配列aの最初の要素：
  a[0]
- 1次元配列aのi番目の要素：
  a[i - 1]
- 1次元配列aの最後の要素：
  a[-1]
- 1次元配列aの要素数：
  len(a)
- 1次元配列aのインデックスがp以上q未満である範囲の抽出：
  a[p:q]
- 1次元配列aのインデックスがp以上である範囲の抽出：
  a[p:]
- 1次元配列aのインデックスがq未満である範囲の抽出：
  a[:q]

次に，pandas.DataFrameオブジェクトであるdataから，サンプル（濃度）と説明変数（波長）を指定して値（吸光度）を読み取ってみましょう．行番号と列番号から値を読み取るときはpandas.DataFrame.iloc関数を，行ラベル（index）と列ラベル（columns）から値を読み取るときはpandas.DataFrame.loc関数を使います．例えば，data.index[5]の値は0.5，data.columns[40]の値は500ですから，行番号と列番号を指定してdata.iloc[5, 40]とすると吸光度0.5が，同様に，行ラベルと列ラベルを指定してdata.loc[0.5, 500]とすると吸光度0.5が読み取れます．ここで，data.iloc[i, j]やdata.loc[r, c]において，範囲を指定するコロン（:）を使うこともできます．濃度が0.5のときのスペクトルはdata.loc[0.5, :].T.plot()，最大吸収波長500における吸光度の濃度依存はdata.loc[:, 500].plot()でプロットすることができます．pandas.DataFrameオブジェクトにおける部分行列の取り出し方を図2.4.2にまとめておきます．

図 2.4.2　pandas.DataFrameオブジェクトとして定義した変数dataの構造

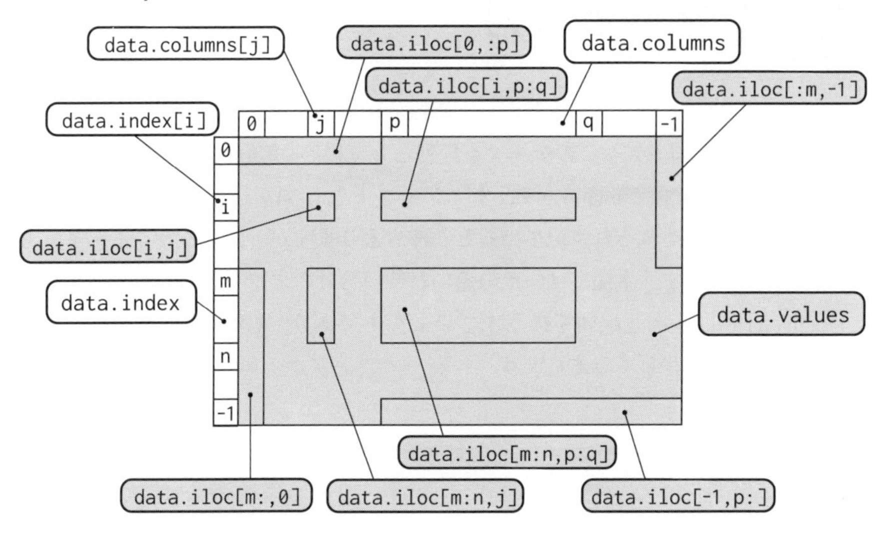

ここまでのまとめ

- pandas.DataFrameオブジェクトdの行番号iと列番号jを指定した要素の抽出：
  d.iloc[i, j]
- pandas.DataFrameオブジェクトdの行ラベルrと列ラベルcを指定した要素の抽出：
  d.loc[r, c]

演習

data2.csvのデータを使って次のプロットをしなさい．

(1) 濃度範囲が0.4から0.6のスペクトル
(2) 波長が400，450，500のときの吸光度の濃度依存
(3) 濃度範囲が0.4から0.6，波長範囲が400から600のスペクトル

2.5 配列と行列

ここまで，複数のサンプルを測定した機器分析データを二次元配列で表現してきましたが，本書では後に，このデータを行列として扱い，線形代数の計算をします．Pythonでは配列を扱うnumpy.arrayオブジェクトと行列を扱うnumpy.matrixオブジェクトがあり，それぞれ，似ているところもありますが，異なるところが多くあり，注意が必要です．本節では，その違いと使い分けのコツを説明します．

numpy.arrayは多次元配列を扱うオブジェクトであり，1次元配列を扱うこともできます．次を実行してみましょう．

0205.ipynb

```
ar = numpy.array([2, 3])
print(ar)
```

実行結果

```
[2 3]
```

このとき，配列の要素は1重の角カッコ[ ]で括られており，arが1次元配列であることがわかります．1番目の要素はar[0]で抽出します．

これに対し，numpy.matrixは1次元で定義しても，2次元の行列として扱われます．

0205.ipynb

```
ma = numpy.matrix([2, 3])
print(ma)
```

実行結果

```
[[2 3]]
```

このように，その要素は2重の角カッコ[[ ]]で括られており，1行2列の行列となっています．ですから1番目の要素を抽出するときはma[0, 0]とします．

この2つの違いは転置を行うとわかります．次を実行してみましょう．

0205.ipynb

```
print(ar.T)
print(ma.T)
```

実行結果

```
[2 3]
[[2]
 [3]]
```

1次元配列arの転置が1次元配列のまま変化しないのに対し，1行2列の行列であるmaの転置は2行1列の行列に変換されました．

1次元配列には横方向や縦方向の概念がないので，numpy.arrayで縦長の配列を扱いたいときは，1次元配列ではなく2次元配列として定義します．

0205.ipynb

```
ar = numpy.array([[2, 3]]).T
print(ar)
```

実行結果

```
[[2]
 [3]]
```

次に，numpy.arrayで定義した2次元配列とnumpy.matrixで定義した2次元の行列を比較してみましょう．numpy.arrayオブジェクトの積の計算に*演算子を用いると，要素ごとの積（アマダール積）が出力されます．

0205.ipynb

```
ar1 = numpy.array([[1, 1], [1, 1]])
ar2 = numpy.array([[1, 0], [0, 1]])
print(ar1 * ar2)
```

実行結果

```
[[1 0]
 [0 1]]
```

これに対してnumpy.matrixオブジェクトの積の計算に*演算子を用いると，行列の積が出力されます．

0205.ipynb

```
ma1 = numpy.matrix([[1, 1], [1, 1]])
ma2 = numpy.matrix([[1, 0], [0, 1]])
print(ma1 * ma2)
```

実行結果

```
 [[1 1]
  [1 1]]
```

アマダール積はnumpy.multiply関数を，行列の積はnumpy.matmul関数，あるいは@演算子を使うことで，numpy.arrayオブジェクトでもnumpy.matrixオブジェクトでも同じ結果を得ることができます．

0205.ipynb

```
print(numpy.multiply(ar1, ar2))
print(numpy.multiply(ma1, ma2))
print(numpy.matmul(ar1, ar2))
print(numpy.matmul(ma1, ma2))
print(ar1 @ ar2)
print(ma1 @ ma2)
```

また，numpy.arrayは3次元以上の高次元配列を扱えるのに対し，numpy.matrixは3次元以上のデータを扱えません．別な言い方をすると，numpy.matrixが扱えるのは2次元の行列だけです．その他にもnumpy.arrayとnumpy.matrixで多くの仕様が異なります．行列の計算をするときは，面倒でもnumpy.matrixオブジェクトに変換してから行うとよいでしょう．もしnumpy.arrayオブジェクトのまま行列の計算をするときは，想定通りの計算ができているか，丁寧に確認をしてください．numpy.arrayオブジェクトであるarをnumpy.matrixオブジェクトに変換するにはnumpy.matrix(ar)，numpy.matrixオブジェクトであるmaをnumpy.arrayオブジェクトに変換するにはnumpy.array(ma)とします．

2.6 グラフ作成

matplotlibを使いこなすと，さまざまな種類のグラフを詳細に調整しながら描画することができます．どのようなグラフを描くことができるのか，matplotlibのギャラリー (https://matplotlib.org/gallery/) を見ておくとよいでしょう．作成したグラフは画像ファイルとして保存できるので，学会発表や論文発表に使うことができます．市販のグラフ作成ソフトを購入しなくても，Pythonで遜色のないグラフを描画することが可能であり，ソフトウェア開発プラットフォームであるGitHub (https://github.co.jp/) を利用することで，他の人と協働して作図することもできます．

matplotlibで作図するときに理解しておいてほしいのは，Figureオブジェクトや Axesオブジェクトをきちんと定義して作図する方法と，それらを自動生成させて作図する方法の2通りがあるということです．データ解析中にひとまず結果をプロットしてみたいときはオブジェクトを自動生成させて作図し，さまざまなパラメータを丁寧に調整して美しいグラフを描画したいときはオブジェクトを定義して作図するとよいでしょう．

それではプログラミングをしていきます．最初に，本節で使うライブラリを読み込んでおきましょう．matplotlib.tickerは軸目盛りを調整するためのモジュールです．

0206.ipynb

```
import numpy
import pandas
from matplotlib import pyplot, ticker
```

次にプロットするデータを読み込みます．ここでは，2.2節で準備したdata2.csvを読み込んで，波長を1次元配列xに，11本目のスペクトルの吸光度を1次元配列yに代入しておきます．

0206.ipynb

```
filename = "data2.csv"
data = pandas.read_csv(filename, header=0, index_col=0).T
```

```
data.index = pandas.read_csv(filename, header=None, index_col=0
).iloc[0].values
x, y = data.columns, data.iloc[10]
```

まずはオブジェクトを自動生成させる方法です．横軸のデータをx，縦軸のデータをyとしたときの折れ線グラフのプロットはpyplot.plot(x, y)でした．散布図にしたいときはpyplot.scatter(x, y)とします．横軸の範囲を指定するにはpyplot.xlimメソッドを，縦軸の範囲を指定するにはpyplot.ylimメソッドを使います．

0206.ipynb

```
left, right = 400, 600
pyplot.xlim(left, right)  # 横軸の範囲指定
bottom, top = 0, 1.1
pyplot.ylim(bottom, top)  # 縦軸の範囲指定
pyplot.plot(x, y)
pyplot.show()
```

実行結果

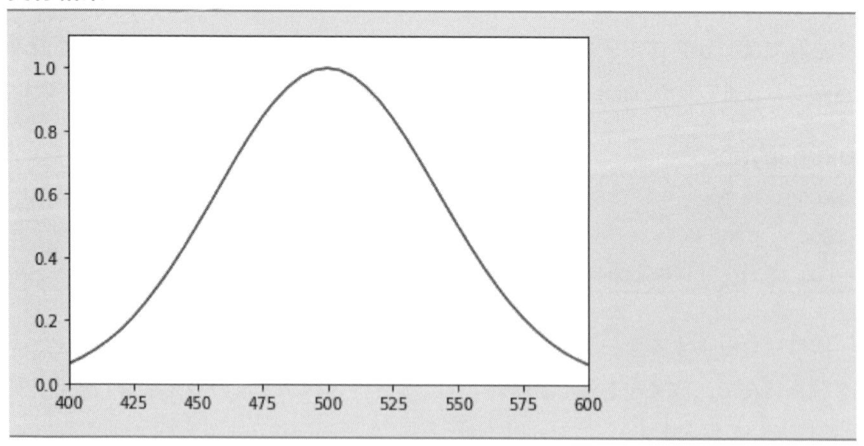

ここでleft > right，あるいはbottom > topとなるように値を指定すると，赤外（IR）スペクトルの横軸や示差走査熱量測定（DSC）曲線の縦軸のように軸を反転させることが可能です．

0206.ipynb

```
pyplot.xlim(numpy.max(x), numpy.min(x))  # 横軸の反転
pyplot.ylim(numpy.max(y), numpy.min(y))  # 縦軸の反転
pyplot.plot(x, y)
pyplot.show()
```

実行結果

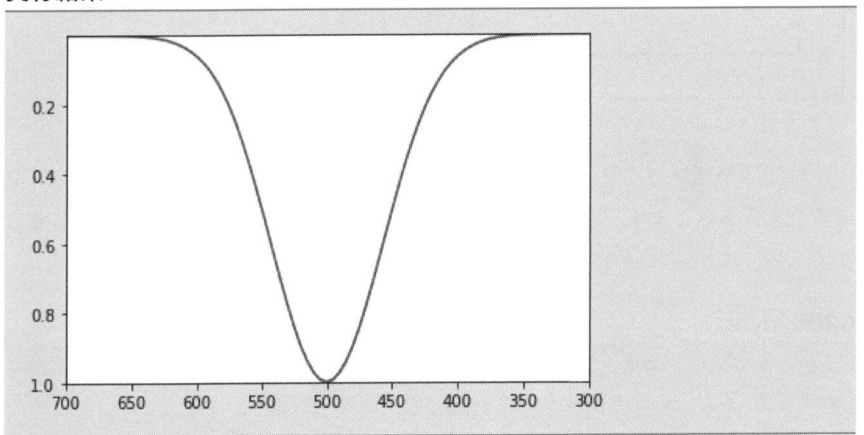

ここまでのまとめ

オブジェクトの自動生成による簡易プロット

・折れ線グラフ：
`pyplot.plot(x, y)`

・散布図：
`pyplot.scatter(x, y)`

・軸範囲の設定：
`pyplot.xlim(left, right) / pyplot.ylim(bottom, top)`

次に，オブジェクトを定義して作図する方法を説明します．matplotlib.pyplotモジュールは，図2.6.1に示すような階層構造になっています．まず，Figureオブジェクトを準備し，Figureオブジェクトに対してAxesオブジェクトを準備し，最後にAxesオブジェクトに対してさまざまなArtistを配置していきます．

図 2.6.1 matplotlib.pyplotの構造

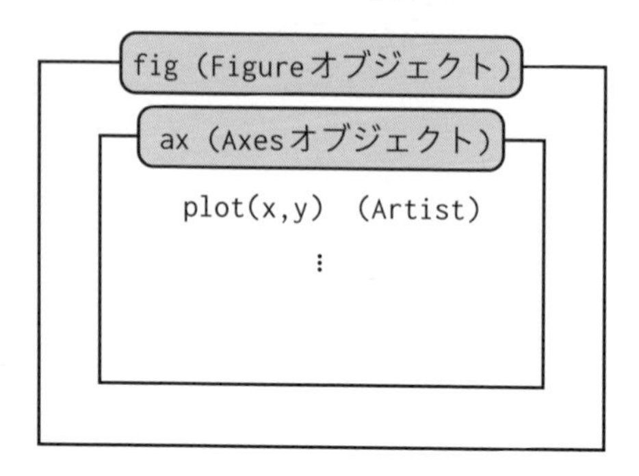

それでは早速プログラミングをしてみましょう．まず，Figureオブジェクトであるfigを準備します．次に，figに属するAxesオブジェクトであるaxを準備します．最後に，axに属するArtistのひとつとしてデータをプロットします．

0206.ipynb

```
fig = pyplot.figure()  # Figure オブジェクトの準備
left, bottom, width, height = 0, 0, 1, 1
ax = fig.add_axes((left, bottom, width, height))  # Axes オブジェクトの準備
ax.plot(x, y)
pyplot.show()
```

実行結果

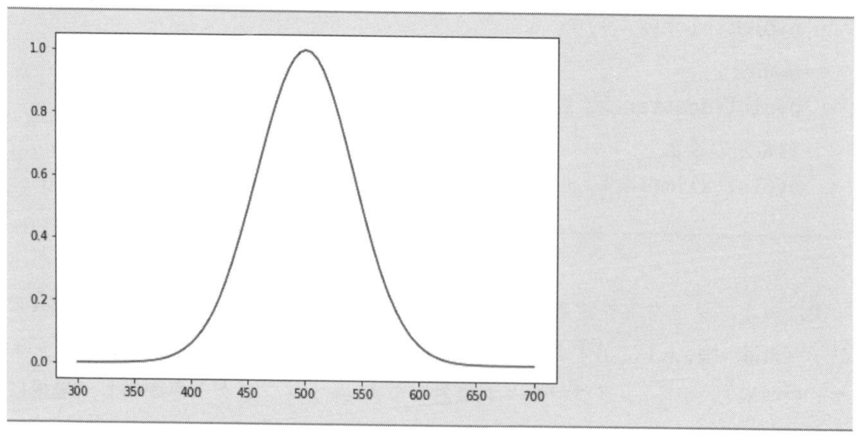

Figureオブジェクトや Axesオブジェクトは複数準備しても構いません．次に，1つのFigureオブジェクト figに2つのAxesオブジェクト ax1とax2を準備し，ax1にスペクトルを，ax2に最大吸収波長における吸光度の濃度依存をプロットしてみます．

0206.ipynb

```
fig = pyplot.figure()
ax1 = fig.add_axes((0, 0, 1, 1))
for i in range(len(data)):
    ax1.plot(data.columns, data.iloc[i])
ax2 = fig.add_axes((0.7, 0.6, 0.25, 0.3))
ax2.scatter(data.index, data.loc[:, 500])
pyplot.show()
```

実行結果

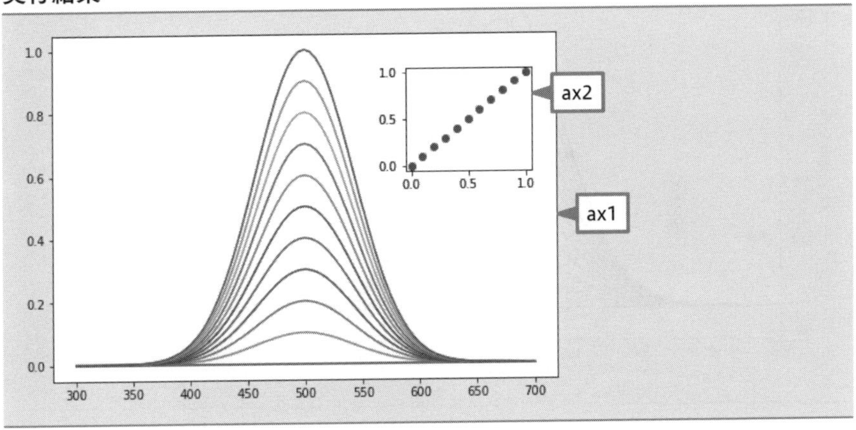

Axesオブジェクトに配置するArtistとして，プロットの他に，座標軸やラベルもあるので，それらを配置してみましょう．

0206.ipynb

```
fig = pyplot.figure()
ax = fig.add_axes((0, 0, 1, 1))
ax.set_xlim(300, 700)  # 横軸の範囲
ax.set_xticks(numpy.arange(300, 750, 50))  # 横軸の主目盛り
```

```
ax.xaxis.set_minor_locator(ticker.MultipleLocator(10))  # 横軸の副目盛り
ax.set_xlabel("Wavelength / nm")  # 横軸のラベル
ax.set_ylim(-0.1, 1.1)  # 縦軸の範囲
ax.set_yticks(numpy.arange(0, 1.2, 0.2))  # 縦軸の主目盛り
ax.yaxis.set_minor_locator(ticker.MultipleLocator(0.05))  # 縦軸の副目盛り
ax.set_ylabel("Absorbance")  # 縦軸のラベル
for i in range(len(data)):
    ax.plot(data.columns,data.iloc[i], color="black")
pyplot.show()
```

実行結果

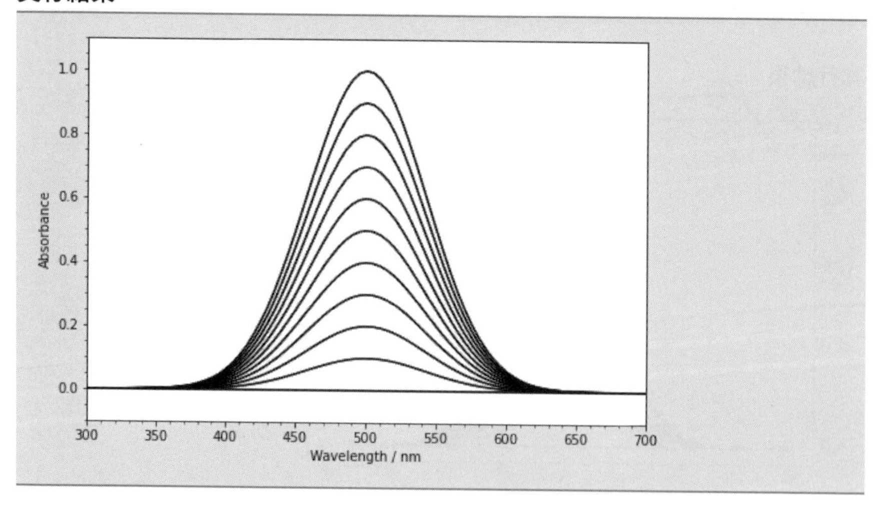

ここからさらに描画を調整していきます．デフォルトの描画パラメータは`print(pyplot.rcParams)`で確認することができ，このうち，例えばフォントサイズを24ポイントに変更するには`pyplot.rcParams["font.size"] = 24`とします．描画パラメータのいくつかを調整して作図するプログラムを0206s.ipynbとしてGitHubに保存しました．その実行結果を示します．作図した結果を画像として保存するにはpyplot.savefig()メソッドを使います．

0206s.ipynb

```
filename = "fig.png"
pyplot.savefig(filename)
```

実行結果

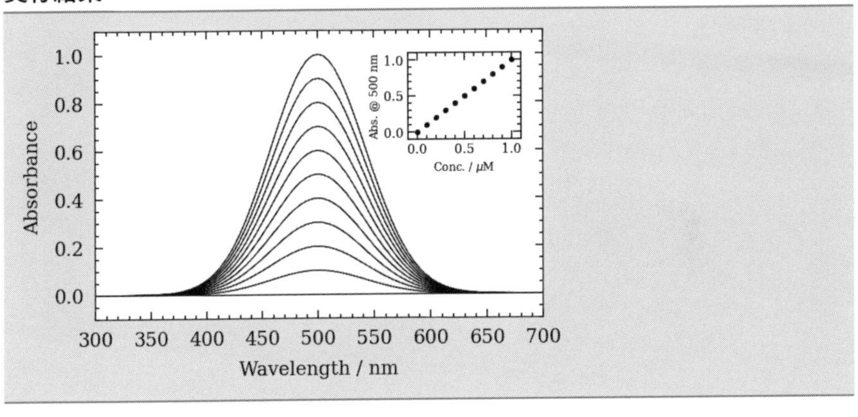

3 統計の基礎

本章では，データ解析をする上で必要となる，統計の基礎を説明します．まず，解析に使うデータを準備しましょう．以下を実行することで，Eigenvectorのwebページ（https://eigenvector.com/）からcorn.mat_.zipがダウンロードされ，これが解凍されてcorn.matが0300.ipynbと同じフォルダに保存されたことを確認してください．

0300.ipynb

```
from urllib.request import urlretrieve
import zipfile
urlretrieve(
"https://eigenvector.com/wp-content/uploads/2019/06/corn.mat_.zip"
, "corn.mat_.zip")
zf = zipfile.ZipFile("./corn.mat_.zip", "r")
zf.extractall()
zf.close()
```

もしエラーとなった場合は，ブラウザに直接https://eigenvector.com/wp-content/uploads/2019/06/corn.mat_.zipを入力してcorn.mat_.zipをダウンロードし，それを解凍して，得られたcorn.matを0300.ipynbと同じフォルダに入れておいてください．

拡張子.matはMatlabのデータファイル形式です．Pythonでmatファイルを読み込むには，scipyパッケージのioモジュールにあるloadmat関数を使います．このとき，読み込むファイルcorn.matがソースコード0300.ipynbと同じフォルダにあることを確認しておいてください．

0300.ipynb

```
from scipy.io import loadmat
corn = loadmat("corn.mat")
```

corn.matを読み込んだ変数cornの型をtype(corn)で調べてみると辞書型です．print(corn)で変数cornの中身を確認してみましょう．propvalsにサンプルの特性値が，m5spec，mp5spec，mp6specに，それぞれ異なる装置で測定したサンプルの近赤外スペクトルがありそうです．まずはサンプルの特性値を取り出してみましょう．print(corn["propvals"])を実行すると，複雑な辞書型の構造になっていることがわかります．必要なデータがどの階層の何番目にあるのかを丁寧に調べながら取り出し，次のように特性値をpandas.DataFrameオブジェクトにまとめ，CSVファイルに保存することができます．

0300.ipynb

```
propindex = corn["propvals"][0][0][8][1][0]
propval = corn["propvals"][0][0][7]
prop = pandas.DataFrame(propval, columns=propindex)
prop.to_csv("prop3.csv")
```

同様に，近赤外スペクトルをpandas.DataFrameオブジェクトにまとめ，CSVファイルに保存しておきます．

0300.ipynb

```
dataindex = corn["m5spec"][0][0][9][1][0][0]
datival = corn["m5spec"][0][0][7]
data = pandas.DataFrame(dataval, columns=dataindex)
data.to_csv("data3.csv")
```

3.1 母集団と標本（サンプル）

国勢調査は，日本に住んでいる全ての人を対象として5年ごとに全数調査を行いますが，そのような大がかりな調査は容易ではありません．このように，本来，調べたい対象の全体を**母集団**といいます．しかし，テレビの視聴率のように全数調査がコストと見合わない場合や，製品の耐久性のように全数検査が不可能な場合があります．そのようなときは，母集団から無作為に抽出した**標本**（**サンプル**）によって母集団を推測します．機器分析においても，そのような統計的推論の考え方が用いられます．

図 3.1.1　統計的推論の考え方

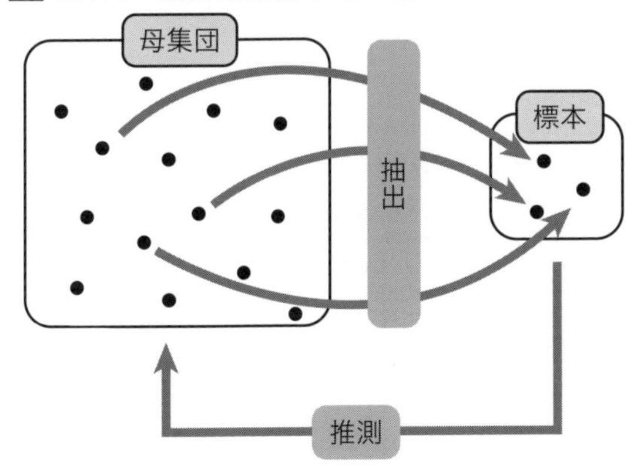

3.2 基本的な統計量の計算

ここでは，corn.matにあるデータが標本であると見なし，トウモロコシの特性値を使って基本的な統計量を計算してみましょう．まず，トウモロコシの特性値を保存したprop3.csvをpandas.DataFrameオブジェクトとして読み込み，変数dfに格納しておきます．

0302.ipynb

```
import numpy
import pandas
df = pandas.read_csv("prop3.csv", header=0, index_col=0)
print(df)
```

実行結果

	水分	油分	タンパク質	デンプン
	Moisture	Oil	Protein	Starch
0	10.448	3.687	8.746	64.838
1	10.409	3.720	8.658	64.851
2	10.313	3.496	9.125	63.567
…	…	…	…	…
79	10.977	3.328	8.428	64.853

df.columns

df.index

df.values

df.indexはサンプルの番号で，0から79まで，80サンプルあることがわかります．df.columnsは説明変数で，水分，油分，タンパク質，デンプンの量であることがわかります．df.valuesは80行4列の縦長の行列となっています．ここで，次を実行してみましょう．

0302.ipynb

```
print(df.describe())
```

実行結果

		Moisture	Oil	Protein	Starch
サンプルサイズ	count	80	80	80	80
平均	mean	10.23354	3.498388	8.6683	64.6956
標準偏差	std	0.380365	0.177047	0.498613	0.820734
最小値	min	9.377	3.088	7.654	62.826
1/4 分位数	25%	9.956	3.40625	8.2875	64.26475
中央値	50%	10.2825	3.4965	8.5615	64.822
3/4 分位数	75%	10.4655	3.642	9.01875	65.3455
最大値	max	10.993	3.832	9.711	66.472

pandas.DataFrame.describe関数はpandas.DataFrameオブジェクトにある各列の基本統計量を一通り計算してくれます．pandas.DataFrameオブジェクトである変数dfに対して，ここにある8つの統計量を個別に計算するには，次のようにします．

0302.ipynb

```
buff = pandas.DataFrame(index=numpy.arange(8), columns=df.columns)
buff.iloc[0] = df.count()  # サンプルサイズ
buff.iloc[1] = df.mean()  # 平均
buff.iloc[2] = df.std(ddof=1)  # 標準偏差
buff.iloc[3] = df.min()  # 最小値
buff.iloc[4] = df.quantile(q=0.25)  # 1/4 分位数
buff.iloc[5] = df.median()  # 中央値
buff.iloc[6] = df.quantile(q=0.75)  # 3/4 分位数
buff.iloc[7] = df.max()  # 最大値
print(buff)
```

また，変数dfにあるデータのうち，水分だけを抜き出して1次元配列arとし，これを使って8つの統計量を個別に計算する方法を以下に示します．ここで1次元配列arは，Python標準のlist型でも，1次元のnumpy.arrayオブジェクトでも，pandas.Seriesオブジェクトでもかまいません．

0302.ipynb

```
ar = df.iloc[:, 0].tolist()
buff = pandas.DataFrame(index=numpy.arange(8), columns=
[df.columns[0]])
buff.iloc[0] = len(ar)  # サンプルサイズ
buff.iloc[1] = numpy.mean(ar)  # 平均
buff.iloc[2] = numpy.std(ar, ddof=1)  # 標準偏差
buff.iloc[3] = min(ar)  # 最小値
buff.iloc[4] = numpy.quantile(ar, q=0.25)  # 1/4 分位数
buff.iloc[5] = numpy.median(ar)  # 中央値
buff.iloc[6] = numpy.quantile(ar, q=0.75)  # 3/4 分位数
buff.iloc[7] = max(ar)  # 最大値
print(buff)
```

●3.2.1 サンプルサイズ

それぞれの統計量の計算について，もう少し詳しくみていきましょう．データセットに含まれる標本（サンプル）の数を**標本の大きさ**（**サンプルサイズ**）といいます．pandas.DataFrameオブジェクト，及び1次元配列に対してサンプルサイズを求めるには次のようにします．len([1, 2, 3])の結果は3です．

サンプルサイズ

pandas.DataFrameオブジェクトdfに対して：df.count()
1次元配列arに対して：len(ar)

●3.2.2 平均

サンプルをx_i，サンプルサイズをnとしたときの標本平均は

$$\bar{x} = \frac{1}{n}\sum_{i=1}^{n} x_i$$

です．Pythonで計算するには次のようにします．numpy.mean([1, 2, 3])の結果は2.0です．

平均

pandas.DataFrameオブジェクトdfに対して：df.mean()
1次元配列arに対して：numpy.mean(ar)

●3.2.3 分散と標準偏差

サンプルx_iが平均$\bar{x}$からどれくらい散らばっているかを表す指標として，偏差$x_i - \bar{x}$の二乗平均をとったのが**分散**です．pandas.DataFrameオブジェクトであるdfの分散はdf.var()で，1次元配列であるarの分散はnumpy.var(ar)で計算できます．

ここで，標本分散

$$s^2 = \frac{1}{n}\sum_{i=1}^{n}(x_i - \bar{x})^2$$

に対し，

$$u^2 = \frac{1}{n-1}\sum_{i=1}^{n}(x_1 - \bar{x})^2$$

を**不偏分散**といいます．なぜこのように扱うのかというと，標本分散s^2は母分散σ^2と一致しないからです．分散の平方根をとったものを**標準偏差**といいますが，一般に標準偏差uは，標本分散の平方根ではなく，不偏分散の平方根が用いられます．

$$u = \sqrt{u^2} = \sqrt{\frac{1}{n-1}\sum_{i=1}^{n}(x_i - \bar{x})^2}$$

pandas.DataFrameオブジェクトであるdfの標準偏差はdf.std()で，1次元配列であるarの標準偏差はnumpy.std(ar)で計算できますが，このときに注意が必要です．pandas.DataFrame([1, 2, 3]).std()[0]の結果が1.0であるのに対し，numpy.std([1, 2, 3])の結果が0.816…と，異なった値が出力されます．これは，pandas.DataFrame.std関数が不偏分散の平方根を計算しているのに対し，numpy.std関数は標本分散の平方根を計算しているからです．これを回避するには，以下のようにddof (delta degree of freedom) の値を指定してください．標準偏差の計算で，ddof=1を指定すると不偏分散の平方根（一般的な標準偏差）が，ddof=0を指定すると標本分散の平方根が計算されます．ddofの指定方法は分散の計算でも同じです．Pythonのライブラリは頻繁に更新されるので，これもいつか修正されるかもしれませんが，今のところ，常にddofを指定する習慣を付けておくとよいでしょう．

不偏分散（標本分散を計算するときはddof=0とする）

pandas.DataFrameオブジェクトdfに対して：df.var(ddof=1)
1次元配列arに対して：numpy.var(ar, ddof=1)

標準偏差

pandas.DataFrameオブジェクトdfに対して：df.std(ddof=1)
1次元配列arに対して：numpy.std(ar, ddof=1)

●3.2.4 最小値と最大値

サンプル中の最小値と最大値の検索は次の通りです.

最小値 / 最大値

pandas.DataFrameオブジェクトdfに対して：`df.min() / df.max()`
1次元配列arに対して：`min(ar) / max(ar)`

●3.2.5 分位数（パーセンタイル）と中央値

サンプルの分布を$q : 1 - q$に分割する値を**分位数**といいます．サンプルを昇順に並べて0.25:0.75に分割する値を1/4分位数，0.75:0.25に分割する値を3/4分位数といいます．分位数をパーセントに置き換えたものを**パーセンタイル**といいます．1/4分位数は25パーセンタイルと，3/4分位数は75パーセンタイルと同じです．1/2分位数（50パーセンタイル）のことを**中央値**ともいいます．

分位数(パーセントタイル)・・・ここでは1/4分位数

pandas.DataFrameオブジェクトdfに対して：`df.quantile(q=0.25)`
1次元配列arに対して：`numpy.quantile(ar, q=0.25)`

中央値

pandas.DataFrameオブジェクトdfに対して：`df.median()`
1次元配列arに対して：`numpy.median(ar)`

3.3 統計量の可視化

3.2節で説明した基本的な統計量を可視化するツールがmatplotlibに準備されています．本節でも，pandas.DataFrameオブジェクトであるdfと1次元配列であるarを使って，それぞれを可視化する方法を説明します．

●3.3.1 箱ひげ図とバイオリン図

箱ひげ図をプロットするにはpyplot.boxplot関数を使います．引数はpandas.DataFrameオブジェクトでも1次元配列でもかまいません．ひげは最小値と最大値，箱は4分位数，即ち1/4，1/2，3/4分位数を表しています．ただし，最小値が1/4分位数よりも箱の1.5倍以上小さいとき，または最大値が3/4分位数よりも箱の1.5倍以上大きいときは，ひげをその範囲とし，その範囲を超えるデータは外れ値として丸でプロットされます．

箱ひげ図

pandas.DataFrameオブジェクト，または1次元配列objに対して：

```
pyplot.boxplot(obj)
pyplot.show()
```

実行結果例

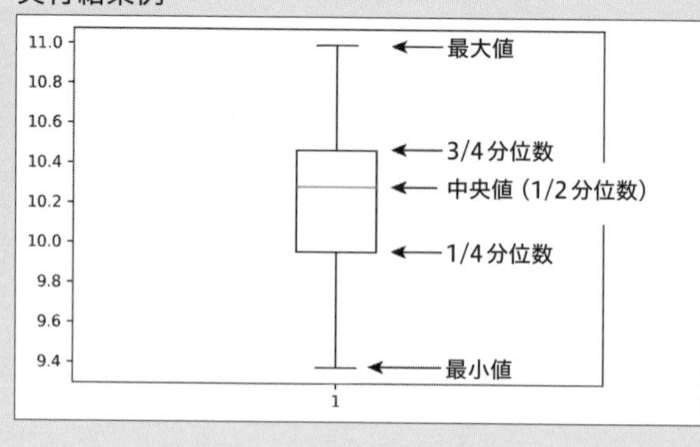

また，**バイオリン図**をプロットするにはpyplot.violinplot関数を使います．バイオリン図はカーネル密度推定によってデータが可視化されます．

バイオリン図

pandas.DataFrameオブジェクト，または1次元配列objに対して：

```
pyplot.violinplot(obj)
pyplot.show()
```

実行結果例

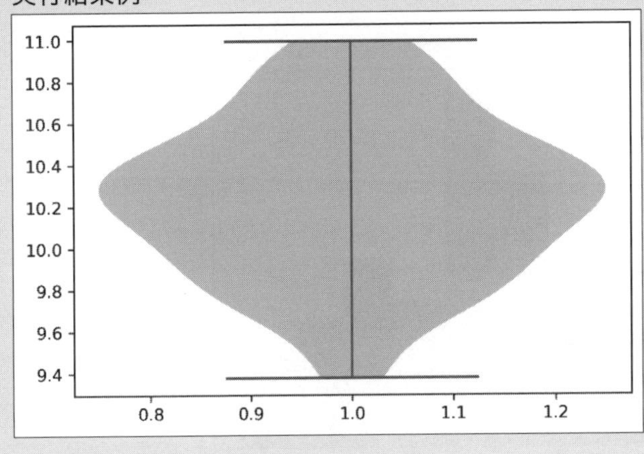

●3.3.2 ヒストグラムと累積度数図

ヒストグラムをプロットするにはpyplot.hist関数を使います．階級数はbinsで指定します．binsの初期値は10です．

ヒストグラム

pandas.DataFrameオブジェクト，または1次元配列objに対して：

```
pyplot.hist(obj, bins=10)
pyplot.show()
```

実行結果例

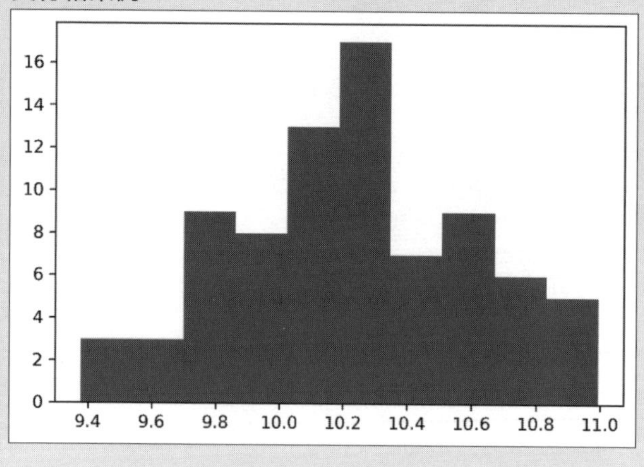

累積度数図はpyplot.hist関数でcumulative=Trueを指定します.

累積度数図

pandas.DataFrameオブジェクト，または1次元配列objに対して：

```
pyplot.hist(obj, bins=10, cumulative=True)
pyplot.show()
```

実行結果例

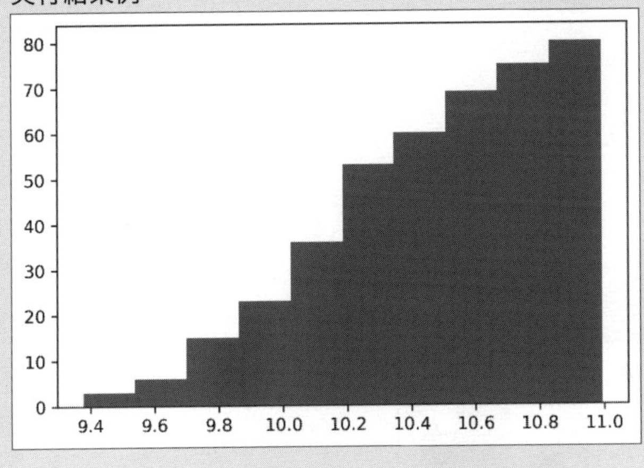

●3.3.3 散布図マトリックス

データの**散布図**をプロットするのはpyplot.scatter(x,y)でした．これを全説明変数間で一度にプロットしてくれるのがpandas.plotting.scatter_matrix関数です．

散布図マトリックス

pandas.DataFrameオブジェクトobjに対して：

```
pandas.plotting.scatter_matrix(obj, figsize=(10, 10))
pyplot.show()
```

実行結果例

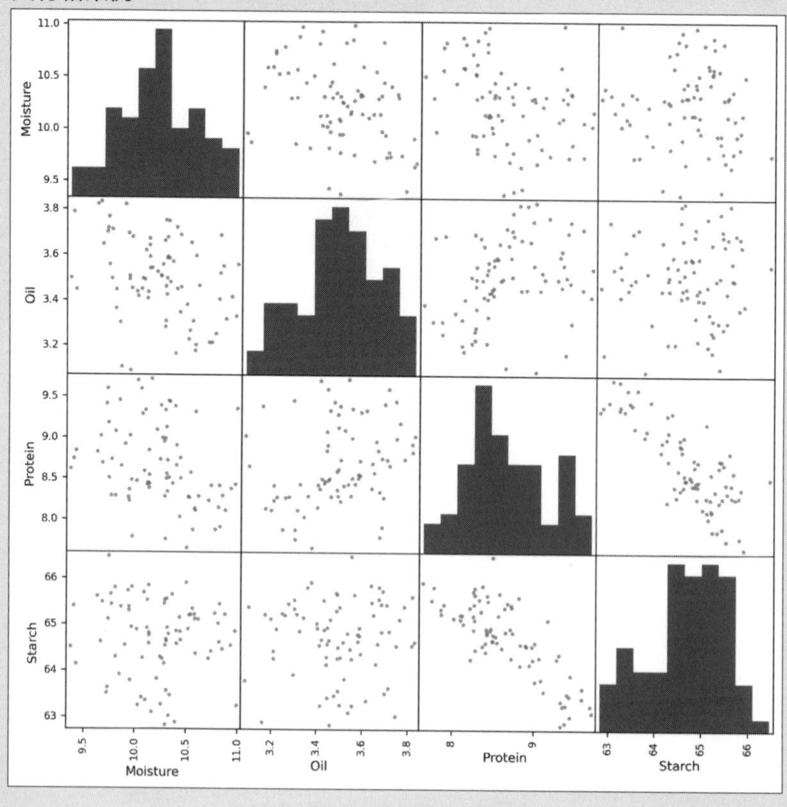

これをみると，Protein（タンパク質）とStarch（デンプン）に負の相関がありそうです．即ち，タンパク質とデンプンの情報がクロスするところの散布図をみると，タンパク質が少ないトウモロコシにはデンプンが多く，タンパク質が多いトウモロコシにはデンプンが少ないことが読み取れます．逆に，Moisture（水分）とOil（油分）には相関がなさそうで，トウモロコシの油分に水分は関係しないと読み取ることができます．以降では，このことをもう少し定量的に扱ってみましょう．

3.4 分散共分散行列と相関行列

まず，トウモロコシの特性値について，水分と油分の値をそれぞれ1次元配列であるxとyに格納しておきましょう．

0304.ipynb

```
x = df.iloc[:, 0]  # 水分
y = df.iloc[:, 1]  # 油分
```

水分xの分散

$$u_{xx}^2 = \frac{1}{n-1}\sum_{i=1}^{n}(x_i - \bar{x})^2$$

に対して

$$u_{xy}^2 = \frac{1}{n-1}\sum_{i=1}^{n}(x_i - \bar{x})(y_i - \bar{y})$$

で定義される水分xと油分yの**共分散**を考えてみます．水分が平均よりも多い（少ない）トウモロコシの油分が平均よりも多い（少ない）傾向にある場合，共分散の値は正になりそうです．逆に，水分が平均よりも多い（少ない）トウモロコシの油分が平均よりも少ない（多い）傾向にある場合，共分散の値は負になりそうです．それでは実際に計算をしてみましょう．水分の分散はnumpy.var関数を使って

0304.ipynb

```
numpy.var(x, ddof=1)
```

で計算できました．水分と油分の共分散はnumpy.cov関数を使って

0304.ipynb

```
numpy.cov(x, y, ddof=1)[0, 1]
```

で計算できます．この，分散と共分散をまとめたものを**分散共分散行列**といい，pandas.DataFrame.cov関数を使って

0304.ipynb

```
df.cov(ddof=1)
```

実行結果

	Moisture	Oil	Protein	Starch
Moisture	0.144677	-0.02328	-0.06025	-0.02048
Oil	-0.02328	0.031346	0.025191	0.003684
Protein	-0.06025	0.025191	0.248615	-0.32673
Starch	-0.02048	0.003684	-0.32673	0.673605

で計算することができます．

タンパク質とデンプンの共分散は負であり，その絶対値が他の組み合わせの共分散と比べて大きいのがわかります．このことから，タンパク質とデンプンは他の組み合わせと比べて負の相関が強いといってよいでしょうか？ 共分散はそれぞれの偏差の積の平均なので，偏差が大きいと共分散の値も大きくなってしまいます．そこで，相関係数を次のように定義します．

$$r_{xy} = \frac{u_{xy}^2}{u_x u_y}$$

ここで，u_{xy}^2はxとyの共分散，u_xとu_yは，それぞれ，xとyの標準偏差です．相関係数は無次元化されており，取り得る範囲は$-1 \leq r_{xy} \leq 1$です．相関係数の値はnumpy.corrcoef関数を使って

0304.ipynb

```
numpy.corrcoef(x, y)[0, 1]
```

で計算できます．また，相関係数の値をまとめた相関行列はpandas.DataFrame.corr関数で計算できます．

0304.ipynb

```
df.corr()
```

実行結果

	Moisture	Oil	Protein	Starch
Moisture	1	-0.34575	-0.31769	-0.06561
Oil	-0.34575	1	0.285356	0.02535
Protein	-0.31769	0.285356	1	-0.7984
Starch	-0.06561	0.02535	-0.7984	1

ここまでのまとめ

pandas.DataFrameオブジェクトpdに対して：
- 分散共分散行列：df.cov(ddof=1)
- 相関行列：df.corr()

3.5 エラーバー

データをグラフにプロットする際，その不確かさを示すのに**エラーバー**が用いられます．エラーバーの範囲は一般に，サンプルの標準偏差や任意の信頼区間（例えば95%信頼区間）あたりが選ばれます．グラフにエラーバーを加えるにはmatplotlib.pyplot.errorbar関数を使います．例えば，横軸の値を1，縦軸の値を1次元配列arの平均としてプロットし，これに標準偏差のエラーバーを加えるには次のようにします．

0305.ipynb

```
x = 1 # 横軸の値
y = numpy.mean(ar)  # 縦軸の値（1 次元配列 ar の平均）
pyplot.scatter(x, y)  # 値のプロット
error = numpy.std(ar, ddof=1)  # エラーバーの範囲（標準偏差）
pyplot.errorbar(x, y, yerr=error)  # エラーバーの追加
pyplot.show()
```

また，pandas.DataFrame オブジェクト df の平均を棒グラフでプロットし，オプションとしてエラーバーを追加するには次のようにします．

0305.ipynb

```
error = df.std(ddof=1)
df.mean().plot.bar(yerr=error)
```

実行結果

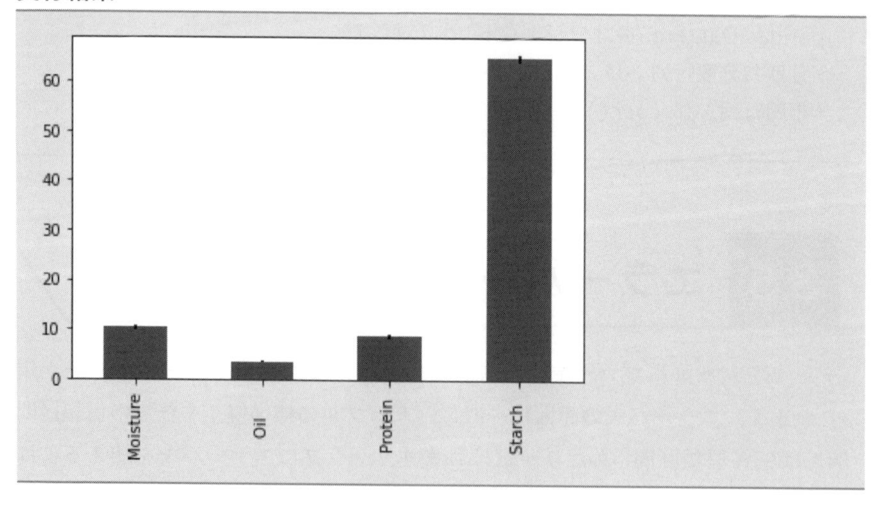

次に，95％信頼区間をエラーバーとしてプロットしてみたいと思います．正規分布（ガウス分布）をもつ母集団からサンプリングした標本は，

$$t = \frac{\bar{x} - \mu}{u/\sqrt{n}}$$

が，自由度が$n-1$であるStudentの$\boldsymbol{t}$分布に従います．$\boldsymbol{t}$分布の確率密度関数（probability density function, PDF）と累積分布関数（cumulative distribution function, CDF）はそれぞれ，scipy.stats.tオブジェクトを使って次のようにプロットすることができます．

0305.ipynb

```
from scipy.stats import t
n = len(ar)  # サンプルサイズ
x = numpy.arange(-4, 4, 0.1)
y = t(n - 1).pdf(x)  # 確率密度関数
pyplot.plot(x, y, label="PDF")
y = t(n - 1).cdf(x)  # 累積分布関数
pyplot.plot(x, y, label="CDF")
pyplot.legend()
pyplot.show()
```

実行結果

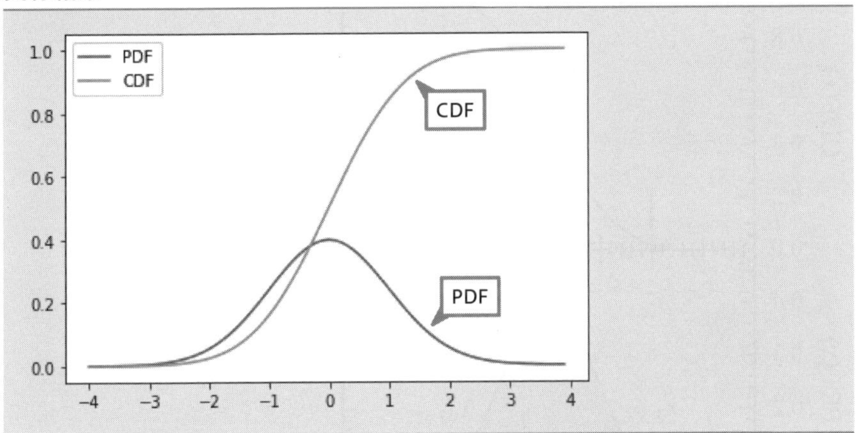

この累積分布関数の縦軸の値がちょうどPとなる（$100 \times P = p\%$となる）横軸の確率変数の値をパーセント点といい，t(n - 1).ppf(P)で求めることができます．自由度が79（サンプルサイズが80）である$\boldsymbol{t}$分布の場合，2.5%点の値は$x_{2.5\%} = -1.99$，97.5%点の値は$x_{97.5\%} = 1.99$と計算されます．$\boldsymbol{t}$分布は左右対称なので$x_{2.5\%} = -x_{97.5\%}$で，$-\infty$から∞の範囲における確率密度関数の面

積が1となるために，$x_{2.5\%}$から$x_{97.5\%}$の範囲における確率密度関数の面積は0.95となります．この値を母集団に当てはめると，母平均μの信頼度95%での信頼区間は

$$\bar{x} - x_{97.5\%}\frac{\mu}{\sqrt{n}} \leq \mu \leq \bar{x} + x_{97.5\%}\frac{\mu}{\sqrt{n}}$$

となり，95%信頼区間によるエラーバーの範囲は$x_{97.5\%}u/\sqrt{n}$で計算されます．任意の信頼区間におけるエラーバーの範囲は次のように計算します．

0305.ipynb

```
interval = 0.95  # 信頼区間
error = t(len(ar) - 1).ppf(1 - (1 -interval) / 2) * numpy.std(ar, ddof=1) / len(ar) ** 0.5
```

図 3.5.1. 自由度79（サンプルサイズ80）におけるt分布の（上）累積分布関数と（下）確率密度関数

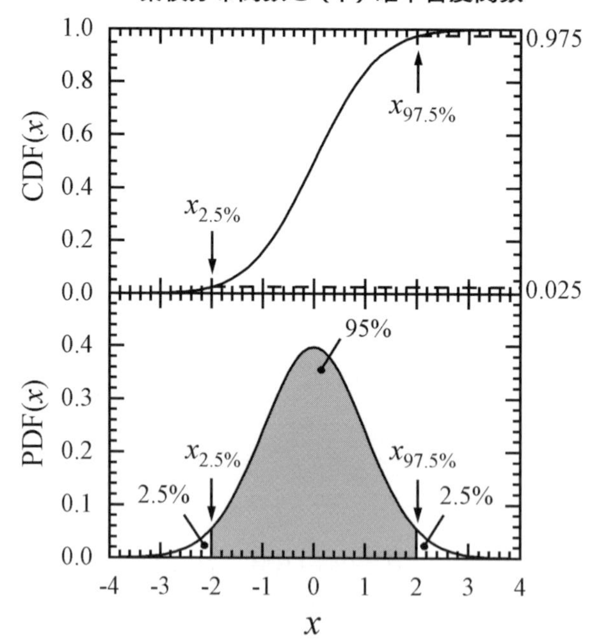

3.6 仮説検定

トウモロコシにおける水分と油分の相関係数は，小さいながらも0に近い（無相関）とは言いがたい値でした．ここではトウモロコシのデータを水分が少ない標本と水分が多い標本に分け，**仮説検定**によって2群間で油分の平均に差があるかどうかを検証してみます．仮説検定の手順は次の通りです．

(1) 比較する対象間に差がないとする**帰無仮説**を立てる．
(2) 検定の方法と有意水準を決める．
(3) パラメトリック検定の場合は条件を満たしているか確認する．
(4) 帰無仮説が棄却されるかどうかを判断する．

図 3.5.1 仮説検定の考え方

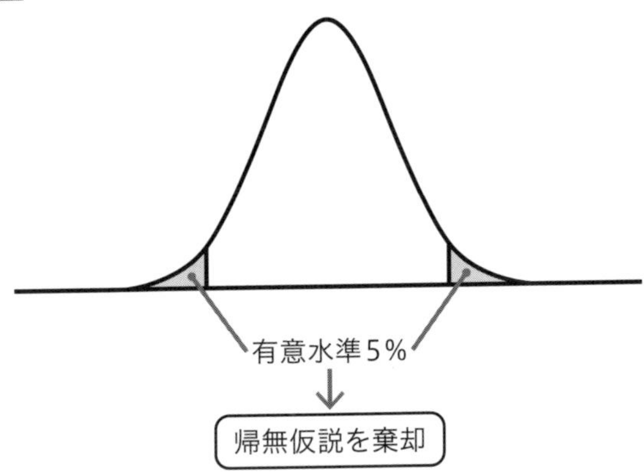

ここでは，「水分が少ないトウモロコシと水分が多いトウモロコシの2群で油分の平均に差がない」という帰無仮説を立て，「水分が少ないトウモロコシと水分が多いトウモロコシの2群で油分の平均に差がある」という対立仮説を検証してみます．平均の検定にはt**検定**が用いられます．有意水準は一般的な5%（0.05）としましょう．t検定はパラメトリック検定で，母集団が正規分布（ガウス分布）に従うことを仮定しています．ですからt検定を行う前に正規性の確認を行う必要があります．

それではプログラミングを始めてみましょう．Pythonで仮説検定を行うには統計のモジュールであるscipy.statsを使います．

0306.ipynb

```
from scipy import stats
```

まず，水分と油分をそれぞれ一次元配列xとyに代入しておきます．

0306.ipynb

```
df = pandas.read_csv("prop3.csv", header=0, index_col=0)
x = df.iloc[:, 0]  # 水分
y = df.iloc[:, 1]  # 油分
```

次に，水分が中央値より少ないトウモロコシをx1，水分が中央値より多いトウモロコシをx2として分けましょう．

0306.ipynb

```
x1 = x[x < x.median()]  # 水分が少ないトウモロコシ
x2 = x[x.median() < x]  # 水分が多いトウモロコシ
```

そして，水分が中央値より少ないトウモロコシの油分をy1，水分が中央値より多いトウモロコシの油分をy2としておきます．本章ではこの2群を使って検定を行います．

0306.ipynb

```
y1 = y[x1.index]  # 水分が少ないトウモロコシの油分
y2 = y[x2.index]  # 水分が多いトウモロコシの油分
```

y1とy2について，それぞれの標準偏差をエラーバーとした平均値をプロットしてみます．

0306.ipynb

```
pyplot.xlim(0.5, 2.5)
pyplot.errorbar(1, y1.mean(), fmt="o", yerr=y1.std(ddof=1),
capsize=5)
```

```
pyplot.errorbar(2, y2.mean(), fmt="o", yerr=y2.std(ddof=1),
capsize=5)
pyplot.show()
```


実行結果

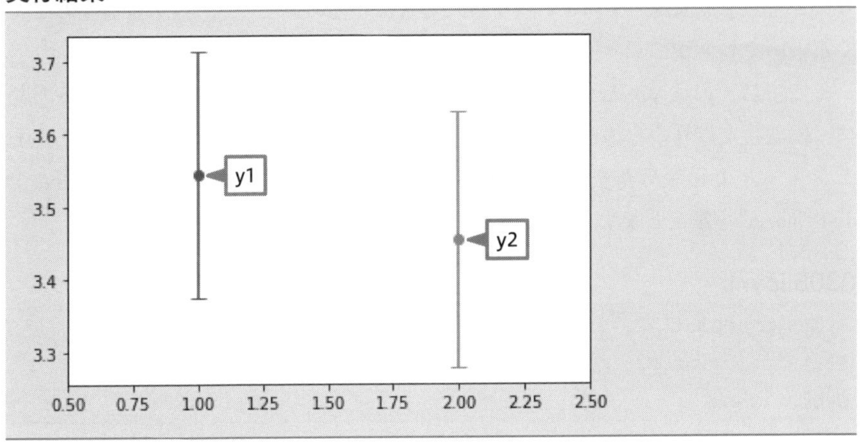

y1の平均値とy2の平均値の差は0.090％で，この値はy1とy2のそれぞれの標準偏差（エラーバー）より小さいことがわかります．このような結果が得られたとき，y1とy2に有意差はないと決めつけていませんか？

●3.6.1 正規性の検定

まず，y1とy2のそれぞれが正規分布に従っているかどうかを確認します．このような正規性の検定を行う方法として，**Shapiro-Wilk検定**やKolmogorov-Smirnov検定が知られています．ここではShapiro-Wilk検定を行ってみましょう．帰無仮説は「標本の母集団は正規分布である」です．有意水準を5％（0.05）とし，p値が有意水準以下だった場合は帰無仮説が棄却され，標本の母集団は正規分布と有意に異なっていると判断します．scipy.statsモジュールでShapiro-Wilk検定を行うにはstats.shapiro関数を使います．

0306.ipynb

```
print(stats.shapiro(y1))
print(stats.shapiro(y2))
```

y1とy2はどちらともp値（pvalue）が有意水準として設定した0.05より大きいので，帰無仮説は棄却されず，正規分布と**有意に異なっているとはいえない**ことが示されました．帰無仮説が棄却されなかったとしても，対立仮説が必ず間違っているとは言い切れないので，このような結論になります．このようにp値が有意水準より大きく，帰無仮説が棄却されなかった場合は，他の方法でも仮説の検証をしておくとよいでしょう．

ここでは，y1とy2のどちらも正規分布に従っているかどうかを確認するために，仮説検定以外の方法としてQ-Qプロットをしてみたいと思います．scipy.statsモジュールで正規分布を仮定したQ-Qプロットをするにはstats.probplot関数でdist="norm"を指定します．

0306.ipynb

```
stats.probplot(y1, dist="norm", plot=pyplot)
stats.probplot(y2, dist="norm", plot=pyplot)
pyplot.show()
```

実行結果

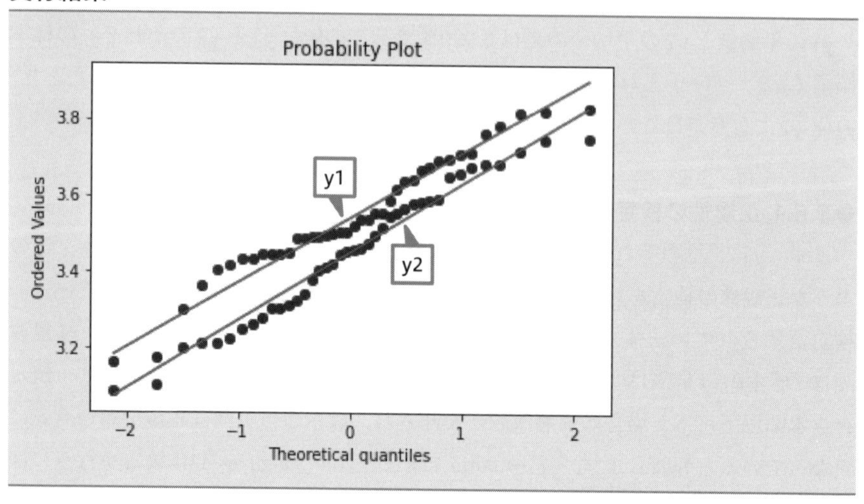

Q-Qプロットで定量的な評価はできませんが，y1もy2も概ね直線で示されている正規分布に近いといえそうです．

ここまでのまとめ

1次元配列aの正規性の検定（Shapiro-Wilk検定）：`stats.shapiro(a)`

0.05 ≤ pvalue ならaは正規分布に従っている※
pvalue < 0.05 ならaは正規分布に従っていない

※厳密には正規分布に従っていることが示されたわけではないことに注意が必要.

●3.6.2 平均の検定

「標本の母集団はそれぞれ正規分布に従っている」という条件を満たしていそうなので，t検定を始めたいと思います．帰無仮説は「y1とy2の2群で平均に差がない」とします．有意水準は一般的な5%（0.05）としましょう．

t検定

1群：`stats.ttest_1samp(a, popmean)`
対応のある2群：`stats.ttest_rel(a, b)`
対応のない2群：`stats.ttest_ind(a, b, equal_var=False)`

図 3.5.2　対応のある2群（左）と対応のない2群（右）

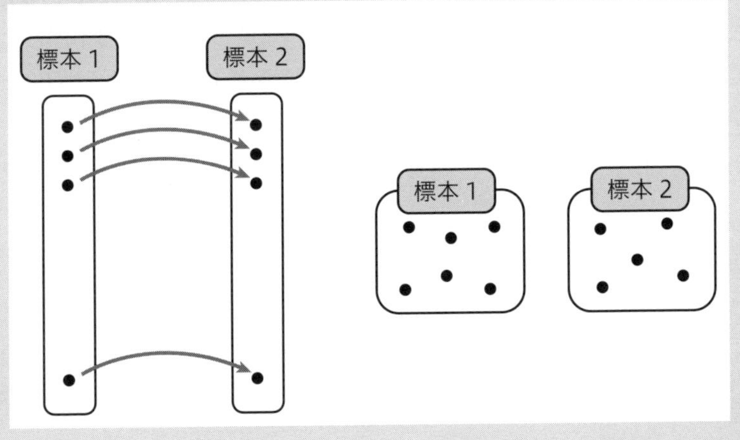

2群の検定では，図3.5.2に示すように，それぞれの標本が独立かどうかを確認する必要があります．図3.5.2（左）のように，2群の標本が1対1の対となっている場合は「対応のある」とし，図3.5.2（右）のように2群がそれぞれ独立である場合は「対応のない」とします．今回は対応のない独立2群のt検定です．対応のある2群のt検定にはstats.ttest_rel関数を使い，対応のない2群のt検定にはstats.ttest_ind関数を使います．

対応のない独立2群のt検定は，2群の分散性を考慮する必要があります．2群の分散が等しいと仮定できるときはStudentのt検定を使い，stats.ttest_ind関数のパラメータとしてequal_var=Trueを指定します．2群の分散が等しいと仮定できないときはWelchのt検定を使い，stats.ttest_ind関数のパラメータとしてequal_var=Falseを指定します．今回は2群の分散性がわかりませんからWelchのt検定を使います．

0306.ipynb

```
print(stats.ttest_ind(y1, y2, equal_var=False))  # 対応のない２群
```

このときのp値は有意水準として設定した0.05よりも小さいので，帰無仮説は棄却され，y1とy2の平均に有意差があることが示されました．以下にscipy.statsモジュールでt検定を行うときの場合分けをまとめておきます．

●3.6.3 等分散性の検定

ここではy1とy2の分散が等しいかどうかを確認してみます．**等分散性の検定**を行う方法として，**F検定**やLevene検定が知られています．帰無仮説は「y1とy2の分散に差がない」です．有意水準を0.05とし，p値がそれよりも大きければ帰無仮説を棄却します．残念ながらscipy.statesモジュールにはF検定が実装されていないので，次のようにftestという関数を作ってy1とy2を当てはめてみます．

0306.ipynb

```
def ftest(a, b):
    f = numpy.var(a, ddof=1) / numpy.var(b, ddof=1)
    p = stats.f.cdf(f, len(a) - 1, len(b) - 1)
    p = min(p, 1 - p) * 2
    return f, p
print(ftest(y1, y2))
```

出力の2つ目がp値で，有意水準として設定した0.05よりも大きいので帰無仮説は棄却できず，y1とy2の分散に有意差があるとはいえないことがわかりました．

3.6.2項で平均の検定をした際に，2群間の等分散性がわからないので，Welchのt検定を行いました．ここで，F検定によってy1とy2の等分散性が確認できたので，Studentのt検定を行ってもよいでしょうか？ このように異なる統計検定を続けて実施するときは，検定結果が有意になる確率が増大してしまう多重性の問題が起きてしまうので，注意が必要です．

●3.6.4 分散分析

分散分析（**analysis of variance, ANOVA**）にはさまざまなものがありますが，ここでは3群以上の平均の検定を例に示すだけにしておきます．0306.ipymbにトウモロコシのデータを3群に分け，分散分析を行うソースコードを準備しました．このときのp値は0.05より小さいので，3群間の平均に有意差があることが示されました．

演習

以下のプログラミング（0306s.ipynb）によって，scikit-learn（sklearn）パッケージにあるアヤメ（iris）のデータセットを読み出すことができる．このデータを使って，本章で学んださまざまな統計計算をしなさい．

0306s.ipynb

```
import pandas
from sklearn.datasets import load_iris
data=pandas.DataFrame(load_iris().data,index=
load_iris().target_names[load_iris().target],columns=
load_iris().feature_names)
```

4 データの前処理と可視化

本章では，ベースライン補正や面積強度の計算といった古典的なデータの前処理や可視化だけでなく，最近のデータサイエンス分野で使われている手法についても説明します．ここでは植物油の液体クロマトグラムを使ってみましょう．以下を実行して，コペンハーゲン大学のwebページ（http://www.models.life.ku.dk/oliveoil/）からHPLCforweb_0.zipがダウンロードされ，これが解凍されてHPLCforweb.matが0400.ipynbと同じフォルダに保存されることを確認してください．

0400.ipynb

```
from urllib.request import urlretrieve
import zipfile
urlretrieve(
"http://www.models.life.ku.dk/sites/default/files/HPLCforweb_0.zip"
, "HPLCforweb_0.zip")
zf = zipfile.ZipFile("./HPLCforweb_0.zip", "r")
zf.extractall()
zf.close()
```

このデータを読み込んで，クロマトグラムをpandas.DataFrameオブジェクトであるdataに変換し，CSV形式でファイル（data4.csv）に保存するには以下のようにします．

0400.ipynb

```
import pandas
from scipy.io import loadmat
olive = loadmat("HPLCforweb.mat")
data = pandas.DataFrame(olive["HPLCforweb"][0][0][7])
data.T.plot(legend=None)
data.T.to_csv("data4.csv")
```

実行結果

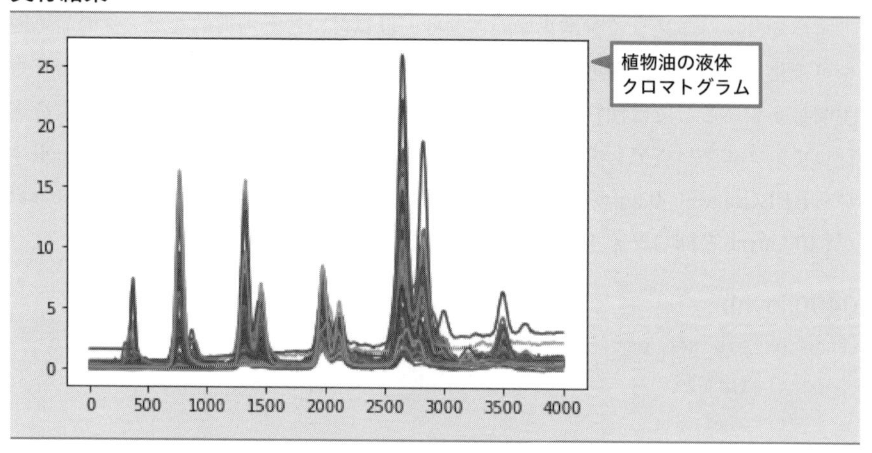

このときに植物油の種類もprop4.csvとして保存しておきます.

0400.ipynb

```
prop=pandas.Series(olive["HPLCforweb"][0][0][12][0][0][0]
,index=data.index)
prop.to_csv("prop4.csv", header=False)
```

また，本章では，シグナル処理を行うモジュールであるscipy.signalを使います.
このモジュールも読み込んでおきましょう.

0400.ipynb

```
from scipy import signal
```

4.1 横軸の範囲指定

スペクトルやクロマトグラムといった機器分析データを解析する際に，横軸の波長や保持時間を適切な範囲で切り出してから行うことがあるでしょう．例えば面積強度を計算する際に，特定のピークに着目して横軸の範囲を指定することがあります．ここでは，オリーブオイルのクロマトグラム（data）を700-840の範囲で指定して，pandas.DataFrameオブジェクトであるdfに代入してみます．

0401.ipynb

```
xmin, xmax = 700, 840
df = data.iloc[:, (xmin <= data.columns) & (data.columns <= xmax)]
df.T.plot(legend=None)
```

実行結果

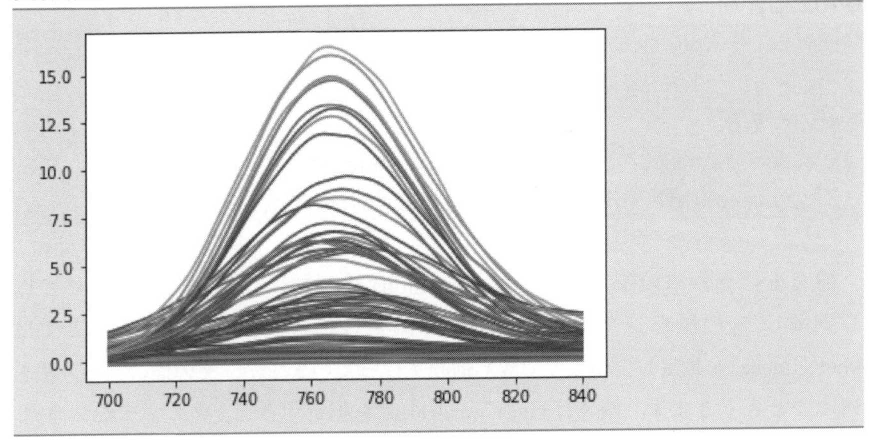

4.2 補完

本書では，複数の機器分析データを1つの2次元配列（行列）にまとめて解析を行っています．このとき，それぞれの機器分析データにおいて，横軸の値が正確に一致していることが求められます．しかし実際に機器分析を行っていると，測定装置や測定条件の違いによって，横軸の値が異なったものが得られることもあります．そのようなときは，共通の横軸となる1次元配列を新たに準備して，それに対応する縦軸の値を，元のデータから**補完**すればよいでしょう．

ここでは，4.1節で横軸の範囲を指定したpandas.DataFrameオブジェクトであるdfを使って，x = df.columnsを横軸，y = df.iloc[0]を縦軸としたデータを補完してみます．xは700から840まで1ごとに増加しているので，これを0.5ごとに増加するデータに変換してみましょう．

0402.ipynb

```
from scipy import interpolate
x, y = df.columns, df.iloc[0]
xdiv = 0.5
ix = numpy.arange(xmin, xmax + xdiv, xdiv)
iy = interpolate.interp1d(x, y, kind="linear")(ix)
```

補完を行うためのモジュールはscipy.interpolateです．新しい横軸としてixを準備し，yの値をixで補完した縦軸の値をiyに代入しています．ここではkind="linear"を指定しているので線形補間を行っていますが，その他の補間方法を選ぶこともできます．例えばkind="quadratic"を指定すると2次スプライン補完，kind="cubic"を指定すると3次スプライン補完となります．一次元配列として取り出したdf.iloc[0]ではなく，pandas.DataFrameオブジェクトであるdfの全データを同様に補完するプログラムも0402.ipynbに載せておきました．

4.3 モーメント

4.1節で範囲指定して得られたようなピーク波形を分布関数として捉えると，そのモーメントを計算することができます．まずはピーク波形の面積を表す0次モーメントを計算してみましょう．関数$f(x)$の0次モーメントは

$$A = \int_{-\infty}^{\infty} f(x)\mathrm{d}x$$

です．これをpandas.DataFrameオブジェクトであるdfに対して離散的に計算するにはsumメソッドを使います．

0403.ipynb

```
zeroth = df.sum(axis=1)
```

ピーク波形の重心位置は，1次モーメントを0次モーメントで割ることによって得られます．

$$\mu = \int_{-\infty}^{\infty} xf(x)\mathrm{d}x \Big/ \int_{-\infty}^{\infty} f(x)\mathrm{d}x$$

これを離散的に計算するには次のようにします．

0403.ipynb

```
first = (df.columns * df).sum(axis=1) / df.sum(axis=1)
```

ピーク波形の重心周りの分散は，重心周りの2次モーメントを0次モーメントで割ることによって得られます．

$$\sigma^2 = \int_{-\infty}^{\infty} (x-\mu)^2 f(x)\mathrm{d}x \Big/ \int_{-\infty}^{\infty} f(x)\mathrm{d}x$$

これを離散的に計算するには次のようにします．

0403.ipynb

```
second = (((df.columns.values.reshape(-1, 1) -first.values) ** 2
).T * df).sum(axis=1) / df.sum(axis=1)
```

また，分散の平方根が標準偏差なので，second ** 0.5によってピーク波形を分布として捉えたときの広がり（ピーク幅）を求めることができます．

4.4 ピーク検出

ピーク検出をするにはscipy.signal.find_peaks関数を使います．

0404.ipynb

```
ar = data.iloc[0]
peakindex = signal.find_peaks(ar.values, prominence=0.2)[0]
peak = ar.iloc[peakindex]
print(peak)
pyplot.plot(ar)
pyplot.scatter(peak.index, peak.values)
pyplot.show()
```

実行結果

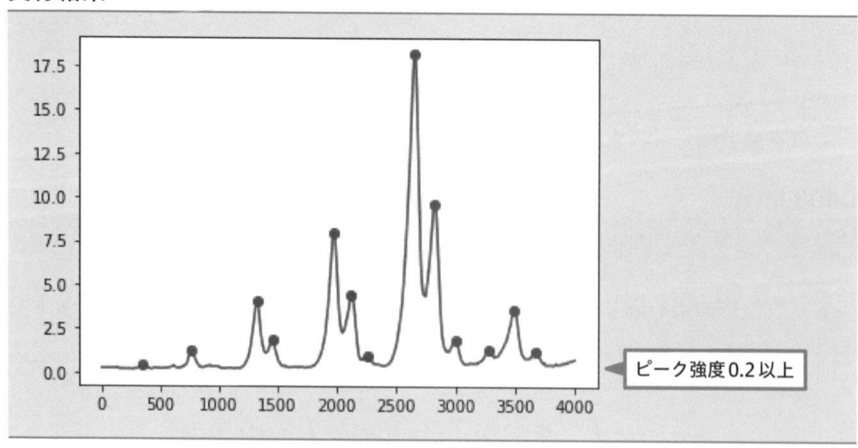

ここではprominenceを指定してピーク強度が0.2以上のものを検出しています．prominence以外にもさまざまさまざまなオプションを指定することが可能です．scipy.signal.find_peaks関数以外にも，scipy.signal.argrelmax関数（scipy.signal.argrelmin関数）やscipy. signal.argrelextrema関数を使ってもピーク検出が可能です．

次に，保持時間が1200から1600の範囲で，全クロマトグラムのピークを検出してみます．

0404.ipynb

```
xmin, xmax = 1200, 1600
df = data.iloc[:, (xmin <= data.columns) & (data.columns <= xmax)]
peak = pandas.DataFrame([df.idxmax(axis=1), df.max(axis=1)],
index=["retention time", "intensity"], columns=data.index).T
print(peak)
pyplot.plot(df.T,color="blue", linewidth=0.5)
pyplot.scatter(peak.iloc[:, 0], peak.iloc[:, 1], color="red")
pyplot.show()
```

実行結果

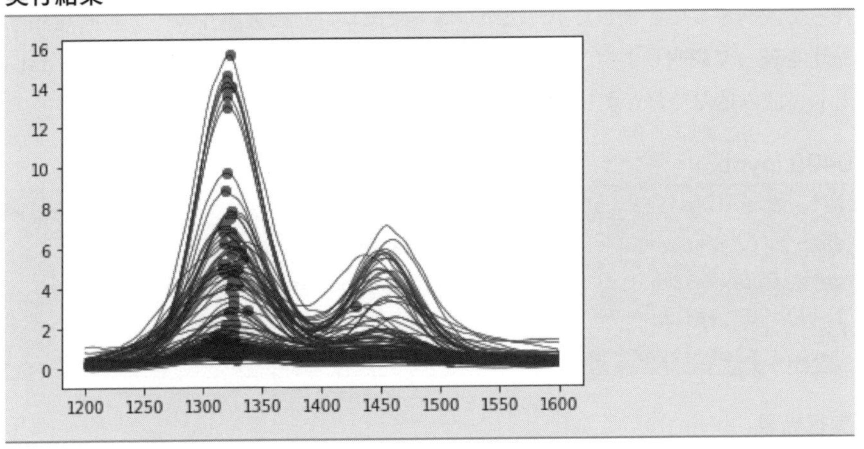

4.5 スケール変換

本章では機器分析データの前処理と可視化について説明していますが，データサイエンスの分野でしばしば用いられる前処理を機器分析データに当てはめることも考えてみたいと思います．幸い，Pythonの機械学習ライブラリであるscikit-learn (sklearn) には前処理のモジュールであるsklearn.preprocessingが含まれています．まずはこれを読み込んでおきましょう．

0405.ipynb

```
from sklearn import preprocessing
```

また，本章ではここまで，オリーブオイルの液体クロマトグラム (data4.csv) を使って説明をしてきましたが，次からはトウモロコシの近赤外スペクトル (data3.csv) を使って説明します．data3.csvをpandas.DataFrameオブジェクトであるdataとして読み込んでおきましょう．

0405.ipynb

```
filename = "data3.csv"
data = pandas.read_csv(filename, header=0, index_col=0).T
data.index = pandas.read_csv(filename, header=None, index_col=0
).iloc[0].values
data.T.plot(legend=None)
```

実行結果

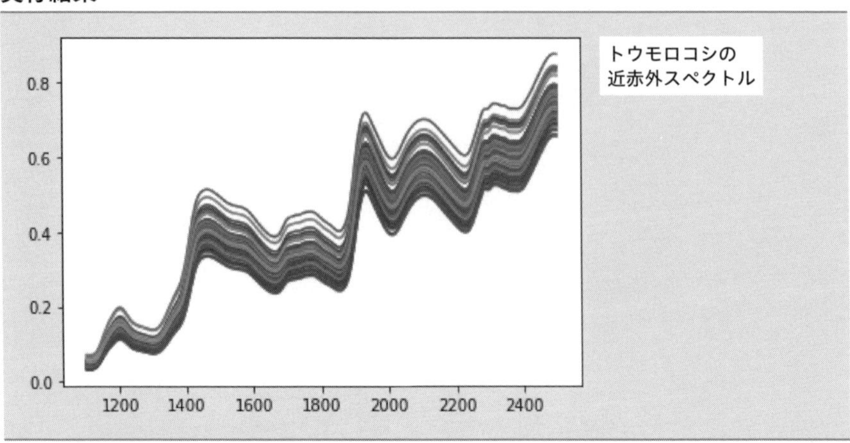

●4.5.1 センタリングとスケーリング

各説明変数（波長）におけるサンプル方向の平均はdata.mean()で計算できます．これを説明変数に対してプロットすると次のような平均スペクトルが得られます．

実行結果例

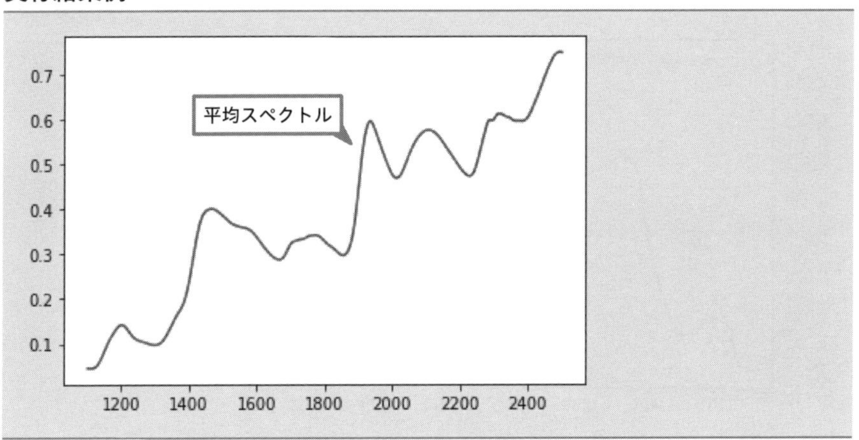

この平均スペクトルを各スペクトルから引いてみましょう．
data - data.mean()をプロットすると次のようになります．

実行結果例

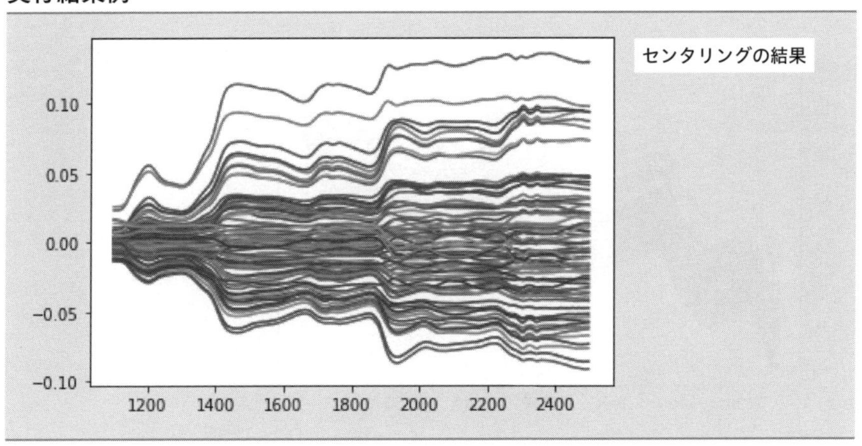

この操作を**センタリング**といいます．センタリングされたデータは，各説明変数

におけるサンプル方向の平均が0になります．

次に，各説明変数におけるサンプル方向の標準偏差を計算してみましょう．data.std()で計算される標準偏差スペクトルは次のようになります．

実行結果例

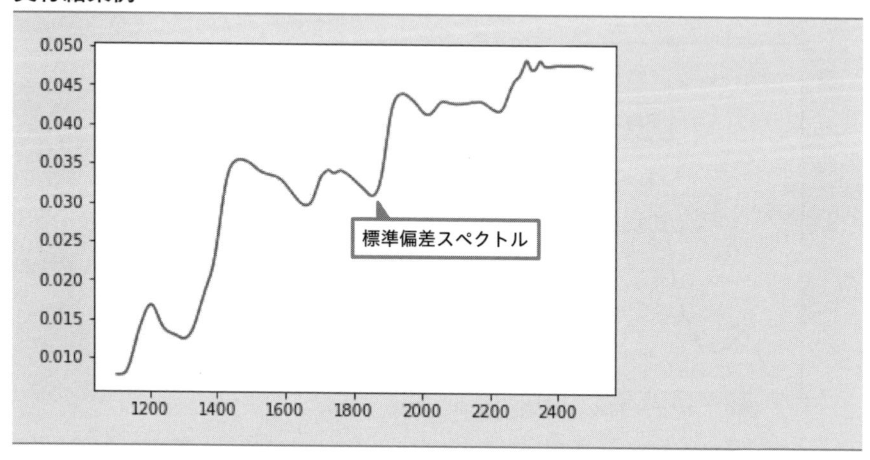

各スペクトルをこの標準偏差スペクトルで割ってみましょう．

data / data.std()をプロットすると次のようになります．

実行結果例

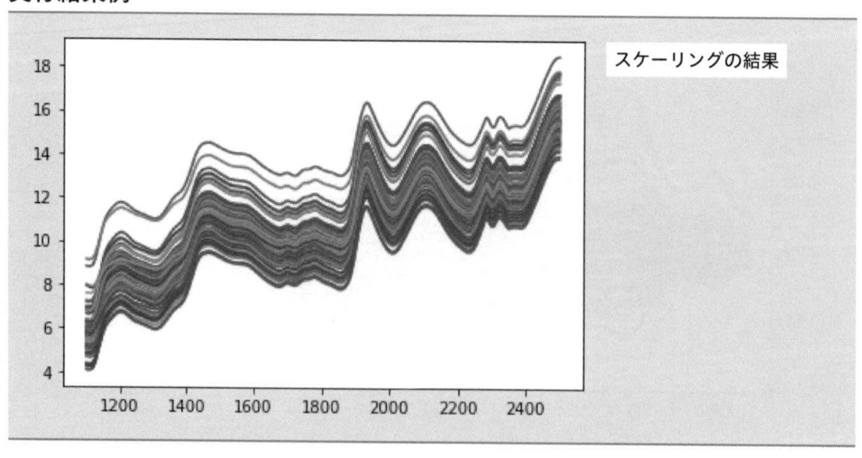

この操作を**スケーリング**といいます．スケーリングされたデータは，各説明変数

におけるサンプル方向の標準偏差が1になります.

●4.5.2 標準化と正規化

センタリングを行った後にスケーリングを行うことを**標準化**（**オートスケーリング**）といいます. `(data - data.mean()) / data.std()`で計算することもできますが, sklearn.preprocessingモジュールにあるscale関数を使って`sklearn.preprocessing.scale(data)`でも計算が可能です. これにより, 各説明変数におけるサンプル方向の平均が0で標準偏差が1となるようにデータが変換されます.

実行結果例

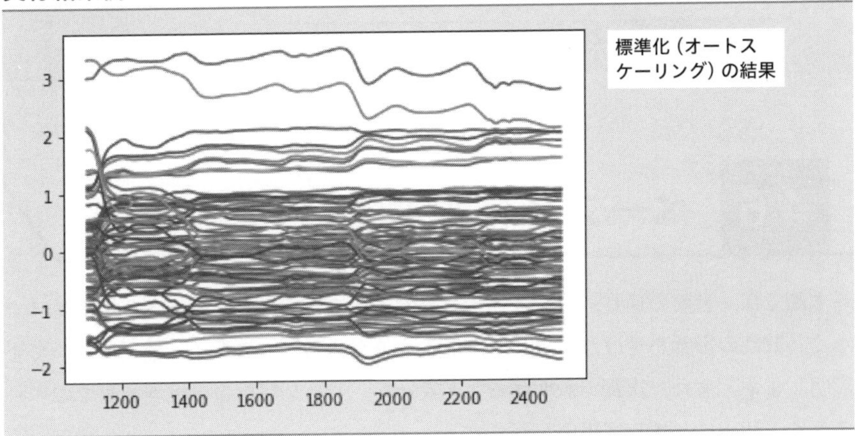

各説明変数において, サンプル方向のデータが, 最小値が0で最大値が1となるようにノーマライズすることを**正規化**といいます. `(data-data.min())/(data.max()-data.min())`で計算できますが, sklearn.preprocessingモジュールにあるminmax_scale関数を使って`sklearn.preprocessing.minmax_scale(data)`でも計算が可能です.

実行結果例

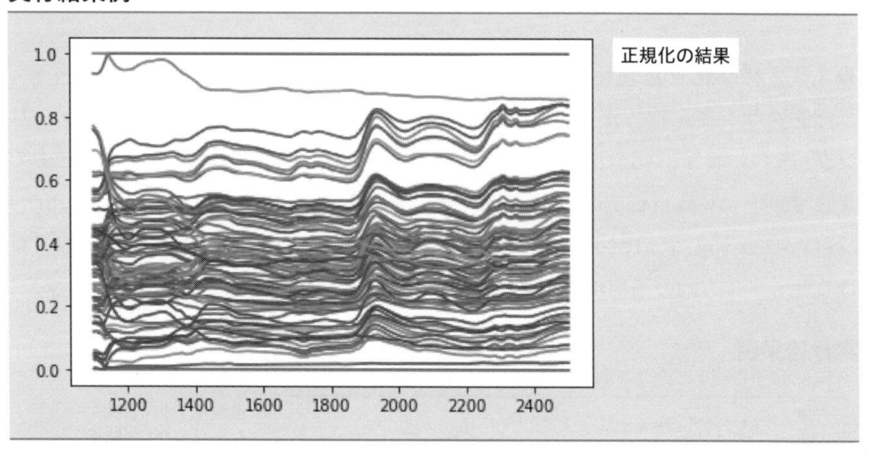

4.6 ベースライン補正

本節では，名前の通り，ベースラインをそろえるためのベースライン補正だけでなく，散乱の影響を受けた信号強度を補正するためのベースライン補正についても説明します．また，次節で説明する2次微分も，データ解析の前処理としてのベースライン補正にしばしば用いられます．

●4.6.1 1点でのベースライン補正

まずは1本目のスペクトルdata.iloc[0]を使い，1200-1400 nmの範囲で最小値をとる波長を検索してみましょう．data.iloc[0].loc[1200:1400].idxmin()を実行すると，この範囲で最小値をとるのは1300 nmであることがわかります．そこで，全てのスペクトルを1300 nmにおける吸光度が0となるようにベースライン補正をしてみます．

0406.ipynb

```
base = 1300  # ベースライン補正をする横軸の値
df = (data.T - data.T.loc[base]).T
df.T.plot(legend=None)
```

実行結果

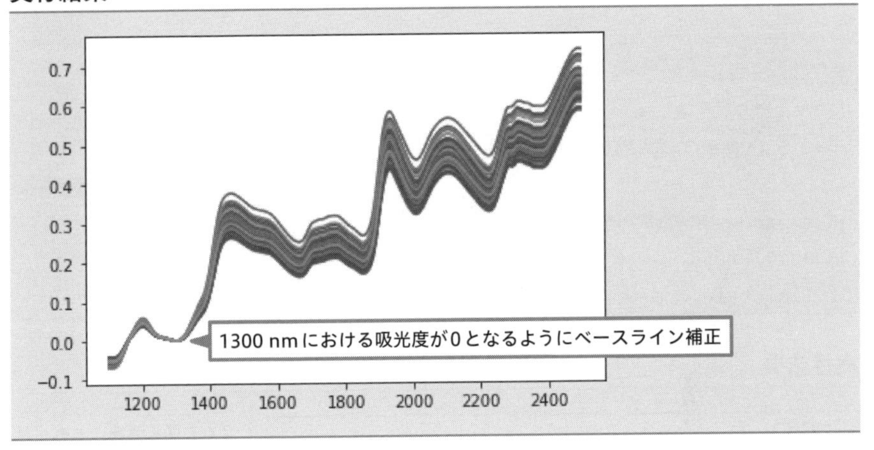

あるいは全てのスペクトルで，毎回1200-1400 nmにおける最小値をとる波長を検索して，その1点でベースライン補正をするには次のようにします．

0406.ipynb

```
xmin, xmax = 1200, 1400
df = data.iloc[:, (xmin < data.columns) & (data.columns < xmax)]
df = (data.T - df.T.min()).T
```

●4.6.2　2点を通る直線によるベースライン補正

続いて，2点を通る直線によってベースライン補正をしてみましょう．今回は，1200-1400 nmにおける最小値(x_1, y_1)と，1800-2000 nmにおける最小値(x_2, y_2)の2点を通る直線$y = ax + b$によってベースライン補正をしてみます．

0406.ipynb

```
xmin, xmax = 1200, 1400
df = data.iloc[:, (xmin < data.columns) & (data.columns < xmax)]
x1, y1 = df.idxmin(axis=1), df.min(axis=1)

xmin, xmax = 1800, 2000
df = data.iloc[:, (xmin < data.columns) & (data.columns < xmax)]
```

```
x2, y2 = df.idxmin(axis=1), df.min(axis=1)

a = (y2 - y1) / (x2 - x1)
b = y1 - a * x1
base = numpy.outer(a, data.columns) + numpy.array([b]).T

df = pandas.DataFrame(data - base, index=data.index, columns=
data.columns)
df.T.plot(legend=None)
```

実行結果

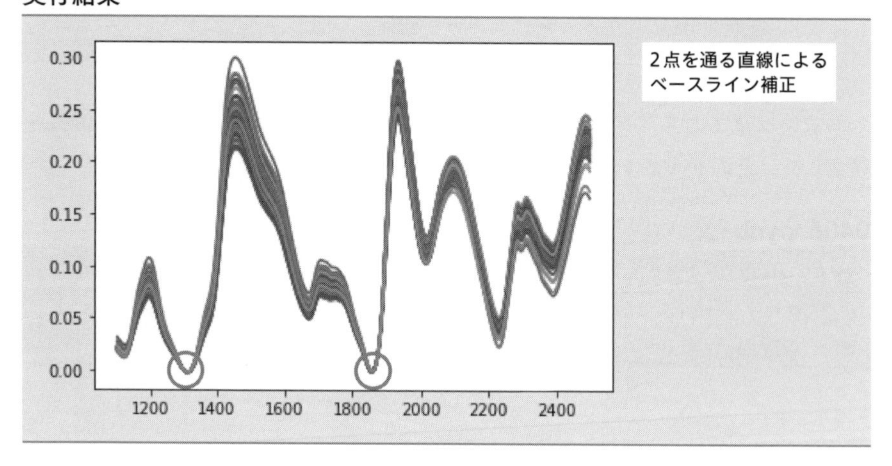

ベースライン補正を行った範囲で面積強度を求めるといった目的であれば，この程度で十分かもしれません．場合によっては多項式やスプライン曲線によってベースライン補正をすることがあるかもしれません．適宜，プログラムを改良してください．

●4.6.3 MSCとSNV

本節ではトウモロコシの近赤外スペクトルを使って説明をしています．トウモロコシのような不透明な散乱体で光計測を行うと，試料ごとに多重散乱の影響が異なるために，ベースラインだけでなく，信号強度も変化してしまいます．このような多重散乱の影響を補正する方法として**Multiplicative Scatter Correction**（**MSC**）が知られており，加算的因子と乗算的因子を使って補正します．それではMSCの計算をしてみましょう．

ここでは行列の計算を行います．まずはpandas.DataFrameオブジェクトであるdataをnumpy.matrixオブジェクトであるxに変換しておきます．センタリングでは測定データxからサンプル方向の平均スペクトルx.mean(axis=0)を引きましたが，ここでは説明変数方向の平均x.mean(axis=1)を引いておきます．

0406.ipynb

```
x = numpy.matrix(data)
xc = x - x.mean(axis=1)
```

実行結果

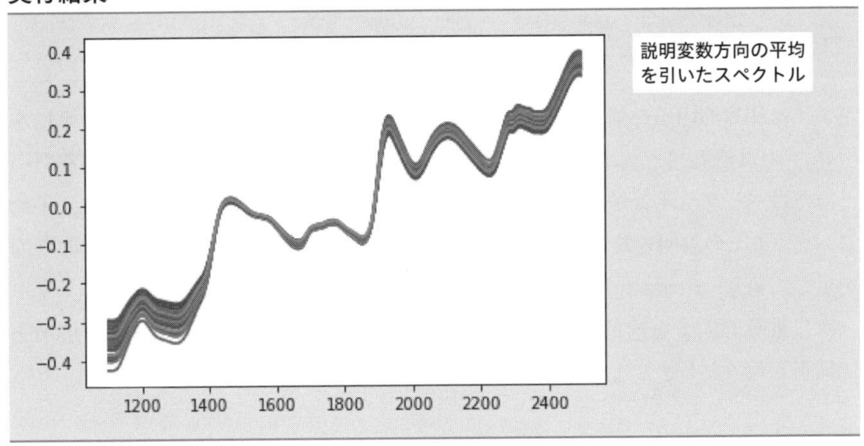

同様に，平均スペクトルrについても説明変数方向の平均を引いておきます．

0406.ipynb

```
r = x.mean(axis=0)
rc = r - r.mean()
```

実行結果

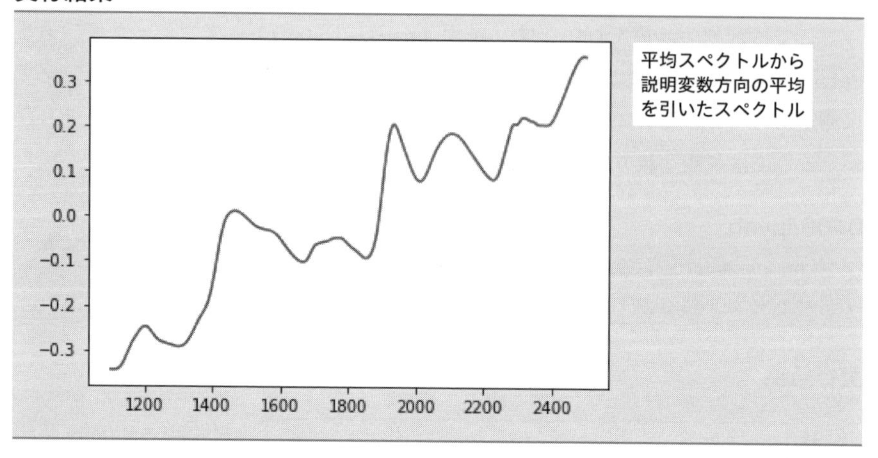

まずは加算的因子を補正してみましょう．測定データから説明変数方向の平均を引いたxcは概ねベースラインが補正されていますが，各スペクトルの平均を引いた分だけベースラインが下に下がっています．これをさらに補正するために，平均スペクトルrの説明変数方向の平均，即ち二次元配列である測定データ全体の平均を足してxc + r.mean()により加算的因子を補正します．

次に乗算的因子を補正してみます．上で計算したxcがrcに対して乗算的因子bで補正されるとしましょう．即ち以下が成り立つと仮定します．

$$\mathrm{xc} = \mathrm{b} \cdot \mathrm{rc}$$

これをbについて解くと

$$\mathrm{b} = \mathrm{xc} \cdot \mathrm{rc}^{\mathrm{T}} \cdot (\mathrm{rc} \cdot \mathrm{rc}^{\mathrm{T}})^{-1}$$

となります．これを計算してxc / bにより乗算的因子を補正します．

この，加算的因子と乗算的因子の両方を補正するMSCのプログラムは次のようになります．

0406.jpynb

```
x = numpy.matrix(data)
xc = x - x.mean(axis=1)
```

```
r = x.mean(axis=0)
rc = r - r.mean()
b = xc * rc.T * (rc * rc.T).I
msc = xc / b + r.mean()
```

実行結果

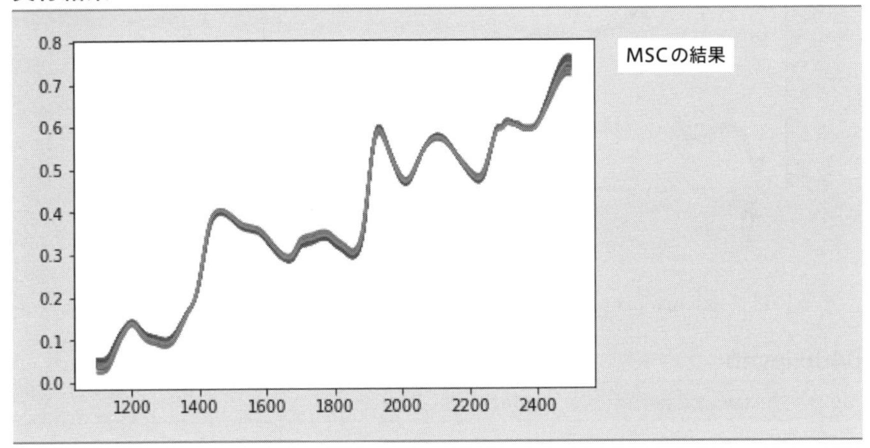

また，多重散乱の影響を受けたスペクトルのベースライン補正には，MSCの他に**Standard Normal Variate**（**SNV**）という方法もよく使われます．標準化は各説明変数で平均を引いて標準偏差で割りましたが，SNVは各サンプルで平均を引いて標準偏差で割ります．これにより各スペクトルが，平均0，標準偏差1となるように変換されます．

0406.ipynb

```
snv = ((data.T - data.T.mean()) / data.T.std()).T
```

実行結果

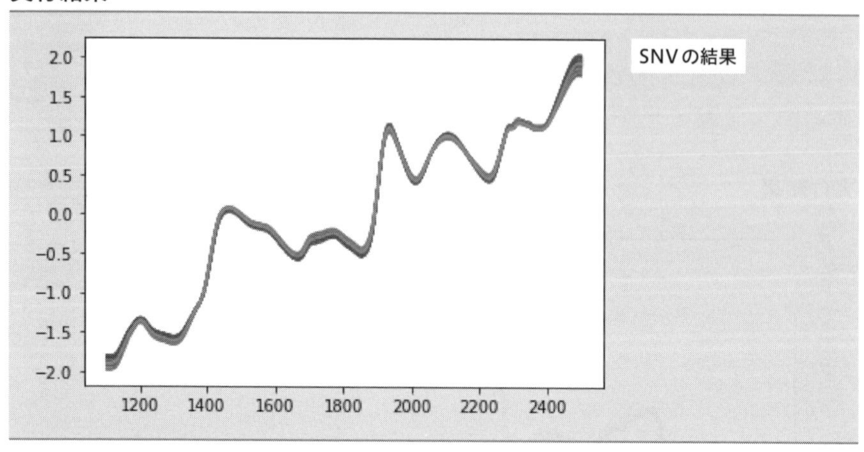

あるいは，sklearn.preprocessingモジュールにあるscale関数を使って

0406.ipynb

```
snv = preprocessing.scale(data.T).T
```

でも計算できます．

各サンプルで標準化を行うのがSNVですが，各サンプルで正規化を行うとどうなるでしょうか？例えばトウモロコシの近赤外スペクトルを使って，波長1800-2000nmの範囲で正規化を行うと，この範囲の信号強度を1としたときの相対強度をみることができます．機器分析では内標準法で使われる計算方法です．

0406.ipynb

```
xmin, xmax = 1800, 2000
df = data.iloc[:, (xmin < data.columns) & (data.columns < xmax)]
df = ((data.T - df.T.min()) / (df.T.max() - df.T.min())).T
```

実行結果

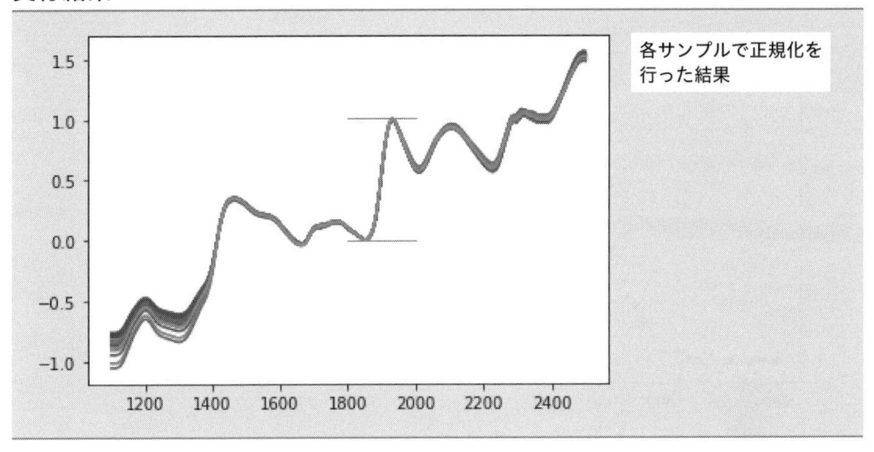

ここで紹介したMSCとSNVは，横軸（説明変数）の範囲によって結果が変わってしまいます．実際に解析を行うときは注意してください．

4.7 Savitzky-Golayフィルター

Savitzky-Golayフィルターは，データを，ある窓の範囲で多項式に近似して平滑化するフィルターです．近似した多項式の微分を計算することで，データの微分波形を計算することも可能です．

ここでは第2章で準備したガウスピーク波形のデータ（data1.csv）を使って計算をしてみます．機器分析データを模擬して1%のノイズを加えておきましょう．

0407.ipynb

```
filename = "data1.csv"
data = pandas.read_csv(filename, header=None, index_col=0
).squeeze()
noise = numpy.random.normal(loc=0, scale=1, size=len(data)) * 0.01
data += noise
pyplot.scatter(data.index, data, s=10)
pyplot.show()
```

実行結果

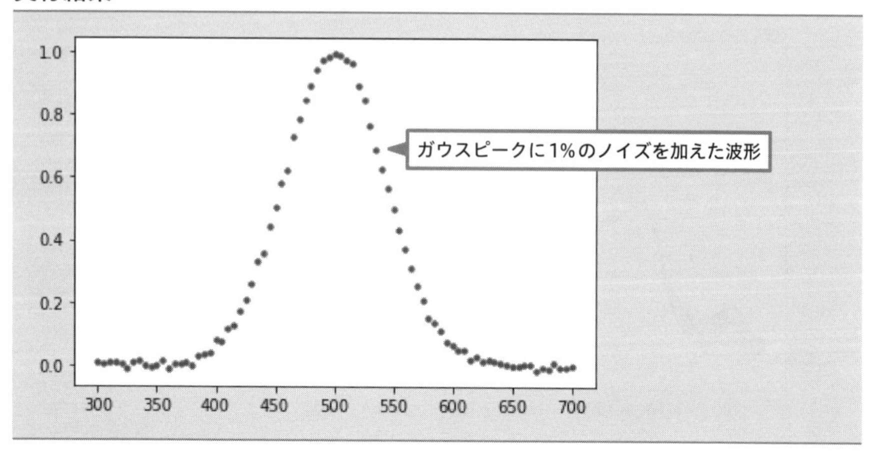

Savitzky-Golayフィルターは，scipy.signalモジュールにあるsavgol_filter関数を使います．

0407.ipynb

```
window, polynom, order = 11, 2, 0
df = signal.savgol_filter(data, window, polynom, order)
df = pandas.Series(df, index=data.index)
pyplot.scatter(data.index, data, s=10)
df.plot(c="red")
```

実行結果

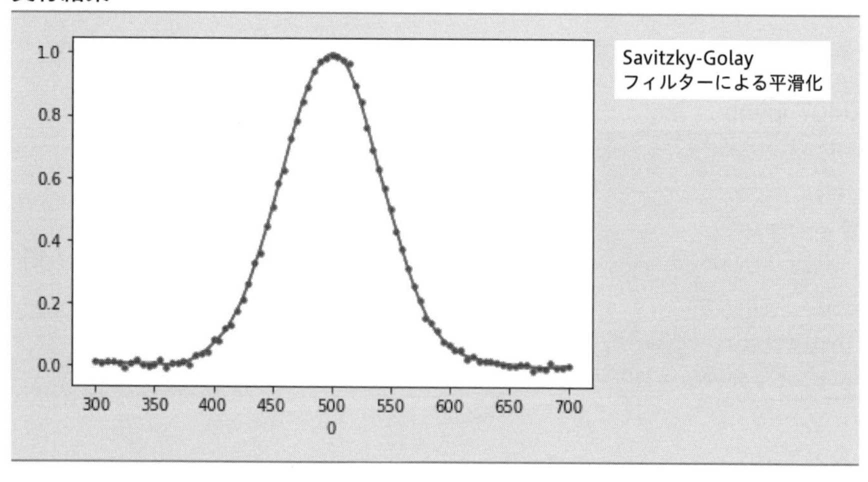

ここで，windowは窓の幅，polynomは多項式の次数，orderは微分の次数です．ここでは11点のデータを2次関数で近似し，0次微分（平滑化）を行っています．窓の幅が11点というのは，平滑化を行う1点と，それに対して左右5点ずつ，合計11点を使って多項式近似を行っているということです．ですから窓の幅は奇数である必要があります．窓の幅を大きくすると，より滑らかに平滑化されますが，ピーク位置のように変化が大きいところでは，実際のデータ波形と平滑化した波形のずれが生じてきます．窓の幅は，このずれを確認しながら，なるべく大きくするとよいでしょう．

1次微分はorderを1にすれば計算できます．

0407.ipynb

```
window, polynom, order = 11, 2, 1
df = signal.savgol_filter(data, window, polynom, order)
df = pandas.Series(df, index=data.index)
df.plot()
```

実行結果

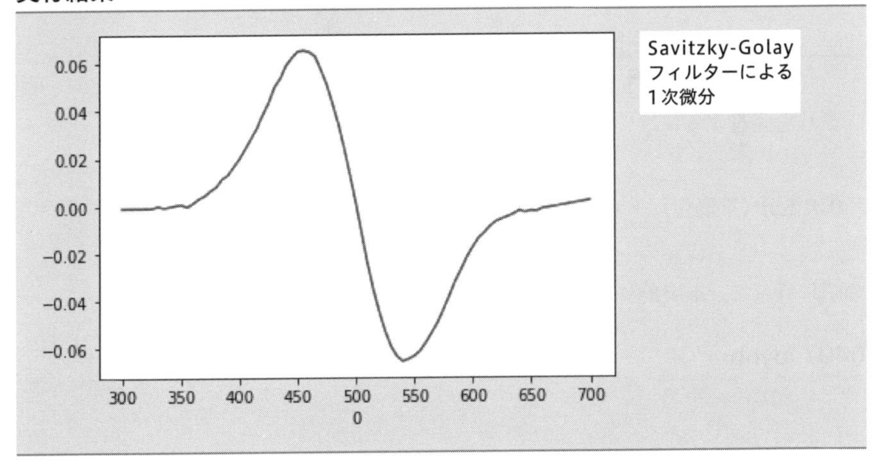

1次微分は元の波形の傾きを表しているので，元の波形のピーク位置で1次微分の値が0になります．ピーク位置より左側では1次微分の値が正に，左側では負になっているのがわかります．

2次微分も同様にorderを2とすればよいのですが，次のように微分の次数が増えると，その波形はだんだんノイズが強調されてしまいます．

0407.ipynb

```
window, polynom, order = 11, 2, 2
df = signal.savgol_filter(data, window, polynom, order)
df = pandas.Series(df, index=data.index)
df.plot()
```

実行結果

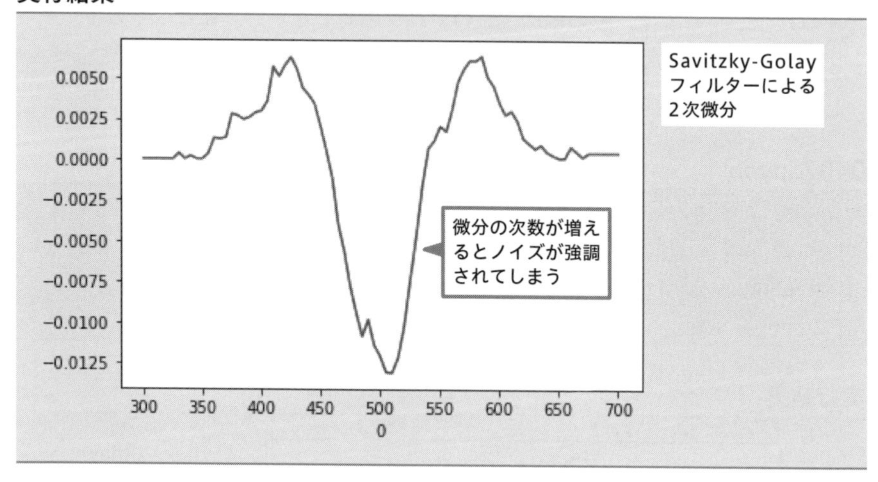

これを回避するには,

0次微分（平滑化）→1次微分→0次微分（平滑化）→1次微分

の順に行って，最終的に2次微分波形を得るとよいでしょう．

0407.ipynb

```
df = data
window, polynom, order = 11, 2, 0
df = signal.savgol_filter(df, window, polynom, order)
order = 1
df = signal.savgol_filter(df, window, polynom, order)
order = 0
df = signal.savgol_filter(df, window, polynom, order)
order = 1
```

```
df = signal.savgol_filter(df, window, polynom, order)
df = pandas.Series(df, index=data.index)
df.plot()
```

実行結果

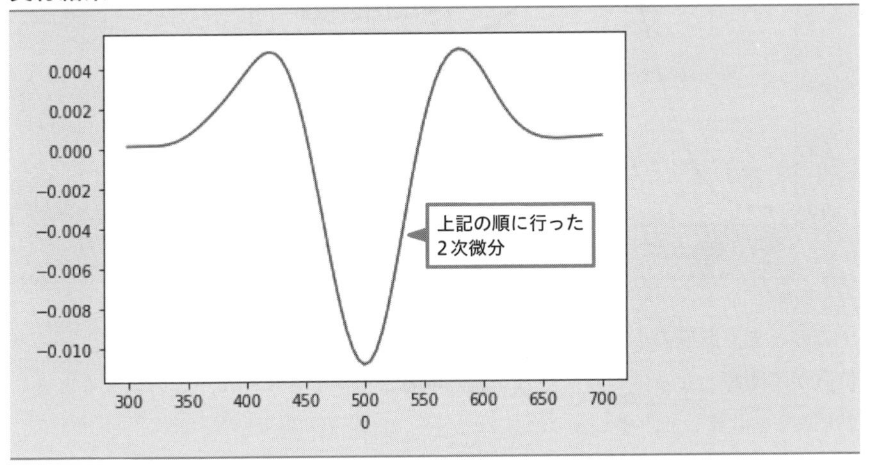

これをみると，元データの正のピーク位置で2次微分波形は負のピークとなっています．また，元データのピーク位置の両側には，2次微分波形に正の信号が現れます．これは元データにはない信号なので，2次微分波形にあらわれる正の信号には注意が必要です．

次に，中心波長が450 nmと550 nmのガウスピークを2つ重ね合わせ，右側の信号強度が左側の信号強度の半分となるようにしてみます．

0407.ipunb

```
xmin, xmax, xdiv = 300, 700, 5
x = numpy.arange(xmin, xmax + xdiv, xdiv)
center, ymax, width = 450, 1, 100
y1 = ymax * numpy.exp(-4 * numpy.log(2) * (x - center) ** 2 /
width ** 2)
center, ymax, width = 550, 0.5, 100
y2 = ymax * numpy.exp(-4 * numpy.log(2) * (x - center) ** 2 /
width ** 2)
data = pandas.Series(y1 + y2, index=x)
data.plot()
```

実行結果

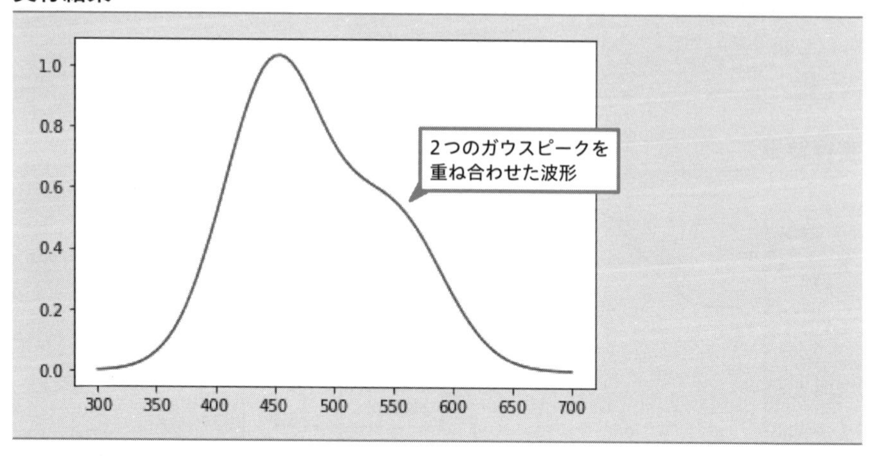

このとき，右側の小さいピークが，左側の大きいピークの影響を受けて，ピーク位置が不明瞭となっており，それを読み取ることができません．このようなときに2次微分を計算してみましょう．

0407.ipynb

```
window, polynom, order = 5, 2, 2
df = signal.savgol_filter(data, window, polynom, order)
df = pandas.Series(df, index=data.index)
df.plot()
```

実行結果

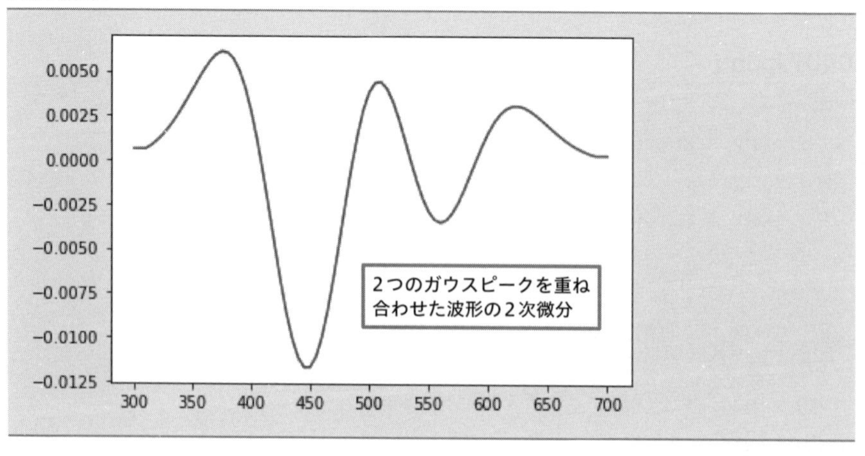

およそ450 nmと550 nmの2カ所に負のピークを見いだすことができます．このように2次微分波形をプロットすることで，元データでオーバーラップした信号を分離することが可能になります．

また，一次関数$y = ax + b$の2次微分$\mathrm{d}^2y/\mathrm{d}x^2$は0になるので，一次関数的な傾きを持ったベースラインは，2次微分波形で0信号にすることができます．これが前節で説明した，2次微分がデータ解析におけるベースライン補正にしばしば用いられる理由です．実際にトウモロコシの近赤外スペクトル（data3.csv）の2次微分スペクトルをみてみましょう．

0407.ipynb

```
filename = "data3.csv"
data = pandas.read_csv(filename, header=0, index_col=0).T
data.index = pandas.read_csv(filename, header=None, index_col=0
).iloc[0].values
data.T.plot(legend=None)
```

実行結果

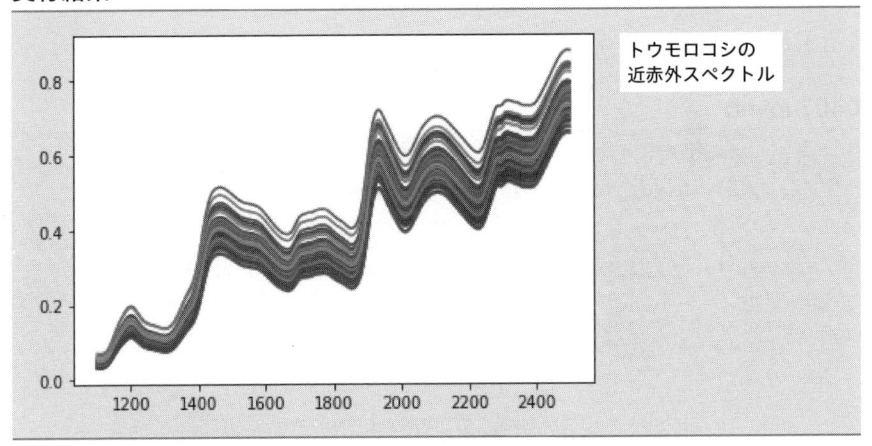

まずは散乱の影響を取り除くためにSNVを行います．

0407.ipynb

```
df = ((data.T - data.T.mean()) / data.T.std()).T
df.T.plot(legend=None)
```

実行結果

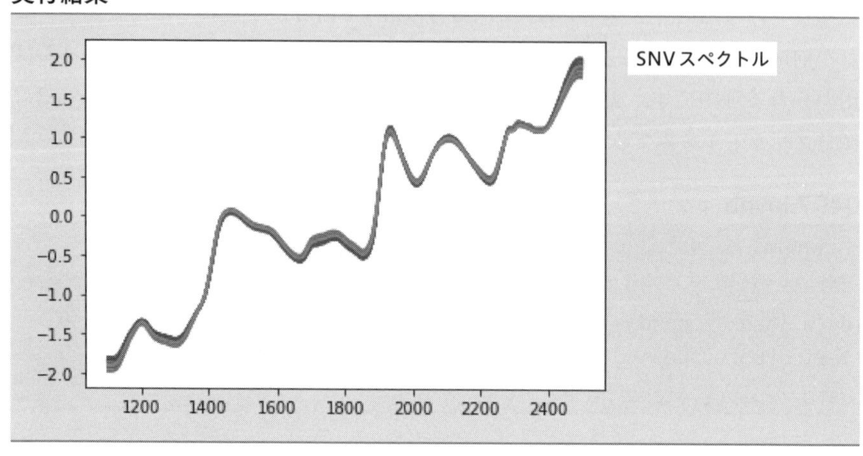

これを窓幅5で2次微分をしてみましょう.

0407.ipynb

```
window, polynom, order = 5, 2, 0
df = signal.savgol_filter(df, window, polynom, order)
order = 1
df = signal.savgol_filter(df, window, polynom, order)
order = 0
df = signal.savgol_filter(df, window, polynom, order)
order = 1
df = signal.savgol_filter(df, window, polynom, order)
df=pandas.DataFrame(df,index=data.index,columns=data.columns)
df.T.plot(legend=None)
```

実行結果

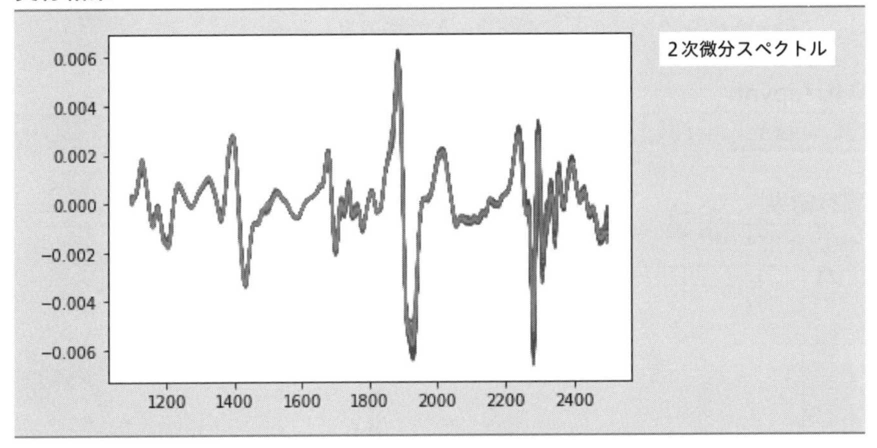

この2次微分波形において，信号がないところのベース強度がほぼ0となっていることがわかります．また，元データでは複数の信号が重なってブロードな信号しか見えませんでしたが，2次微分波形ではトウモロコシ中に存在するさまざまさまざまな化合物に由来する多くの信号に分離することができました．ここではさらに2次微分波形をセンタリングしてみます．

0407.ipynb

```
df = df - df.mean()
df.T.plot(legend=None)
```

実行結果

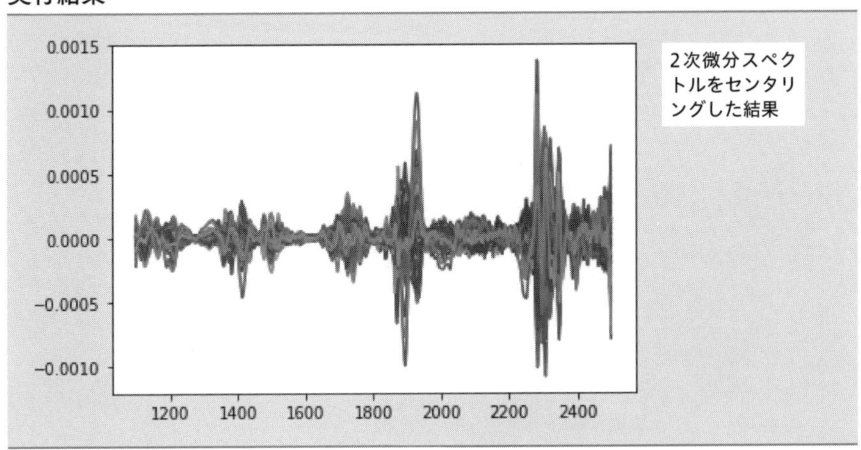

これにより，変化が大きい信号と変化がほとんどない信号があることがわかります．このときの分散スペクトルをプロットしてみましょう．

0407.ipynb

```
df.var().plot()
```

実行結果

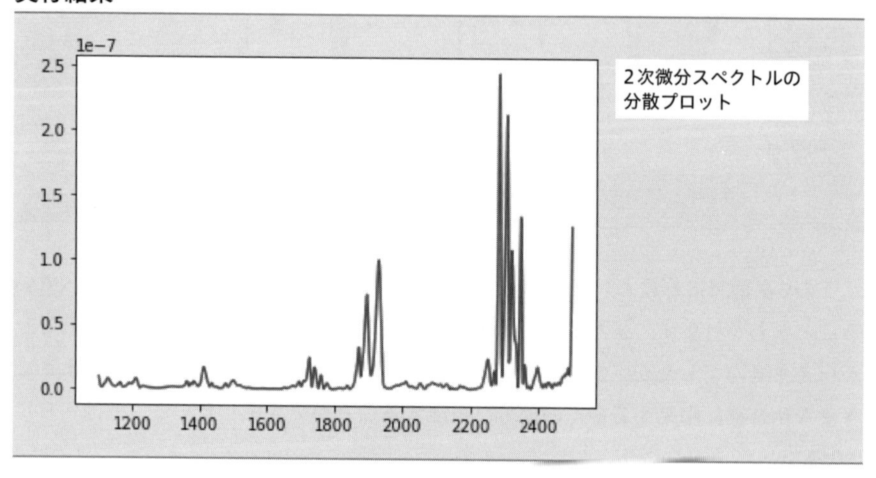

分散が大きい，即ちサンプルの違いによってよく変化する信号を可視化することができました．この後のケモメトリックスでは，この信号の変化から定量分析や定性分析を行います．

5 ケモメトリックスの基礎

本章では，単一波長で記述されたランベルト・ベールの法則を多波長に拡張して記述し，多変量データを扱えるようにします．ランベルト・ベールの法則は吸収分光で成り立つ概念ですが，信号強度が測定対象に比例するという考え方は他の機器分析データにも応用できます．これにより，さまざまさまざまな機器分析データの多変量解析やケモメトリックスを行います．

5.1 ランベルト・ベールの法則

ランベルト・ベールの法則は，最大吸収波長のような解析に使える波長λを1つだけ選び，その波長における吸光度$A(\lambda)$が次の関係を満たすというものです．

$$A(\lambda) = \varepsilon(\lambda)CL$$

ここで，εは吸光係数，Cは濃度，Lは光路長です．吸光係数は波長に依存するので$\varepsilon(\lambda)$と記しました．溶液のUV-Vis吸収分光において，光路長は使う試料セルで決まり，一般に1 cm程度のものが選ばれます．測定を全て同じ光路長の試料セルで行う場合，ランベルト・ベールの法則は，吸光度が濃度に比例し，その比例係数をεとする，ということを表しています．本章では常に同じ光路長で測定することを想定して，光路長を吸光係数に含めてしましましょう．そのときの比例係数を$K(\lambda) = \varepsilon(\lambda)L$とすると，

$$A(\lambda) = CK(\lambda)$$

となります．信号強度（ここでは吸光度A）が分析対象（ここでは濃度C）に比例するという関係は，機器分析において重要ですし，比例（線形応答）が成り立たないとすれば，非線形応答を考えなければなりません．以降では吸収分光におけるランベルト・ベールの法則を使って話を進めますが，その他の機器分析でも，信号強度が分析対象に比例し，その比例係数をKとするという考え方で読み進めてください．

5.2 ランベルト・ベールの法則の拡張

第2章で扱ったガウスピークのデータは，保存時に転置して縦長のファイル構造としましたが（data2.csv），実際はサンプル（濃度）方向に11点，説明変数（波長）方向に81点からなる11行81列の横長の構造でした．ですから各サンプルは81点の吸光度データをまとめたベクトルのかたちをしています．別の言い方をすると，各サンプルは81次元空間の点（座標）であり，全データは81次元空間に11点がプロットされているということになります．

さすがに81次元空間を想像することはできませんから，81次元を3次元に次元削減してみましょう．ここでは，300-700 nmの波長範囲から，450, 500, 550 nmにおける吸光度だけを選んで新たなデータセットをつくってみます．21ページのようにdata2.csvを読み込んでから，次を実行します．

0502.ipynb

```
df = data.loc[:, [450, 500, 550]]
print(df)
```

実行結果

```
      450   500    550
0.0  0.00   0.0   0.00
0.1  0.05   0.1   0.05
0.2  0.10   0.2   0.10
0.3  0.15   0.3   0.15
0.4  0.20   0.4   0.20
0.5  0.25   0.5   0.25
```

```
0.6    0.30    0.6    0.30
0.7    0.35    0.7    0.35
0.8    0.40    0.8    0.40
0.9    0.45    0.9    0.45
1.0    0.50    1.0    0.50
```


例えば濃度Cが1.0であるサンプルのデータを棒グラフでプロットしてみましょう.

0502.ipynb

```
df.loc[1.0].plot.bar()
```

実行結果

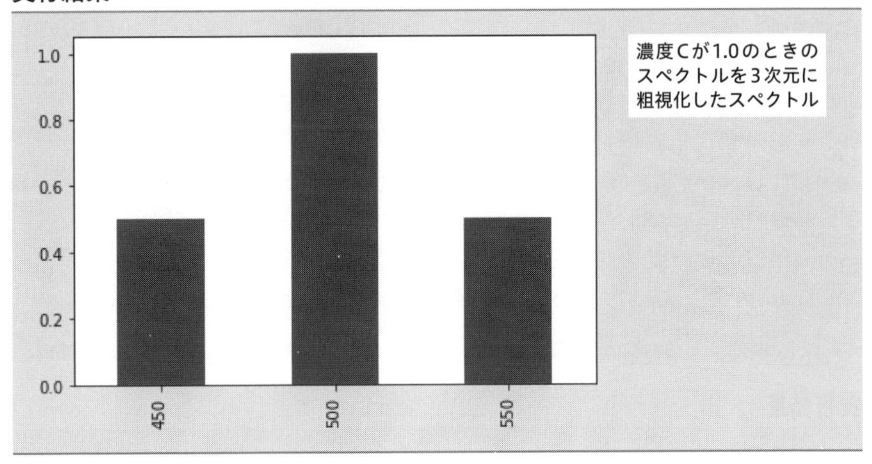

これは，81点からなる滑らかなガウスピーク波形を3点に粗視化して得られたスペクトルといえます．あるいは450nm，500nm，550nmのバンドパスフィルターでそれぞれ分光して得られた3点のデータセットと考えてもよいでしょう．光の三原色であるR（赤），G（緑），B（青）とは波長が異なりますが，可視領域で3つの波長帯を選んで，それぞれの強度の組み合わせで表現するという点は似ています．ですから，これ以降，450nm，500nm，550nmの信号強度をRGB強度に置き換えて読むと理解しやすいかもしれません．この，3次元に粗視化して得られたデータセットを3次元プロットしてみましょう．まず，matplotlib.pyplotに加えて3次元プロットのためのライブラリmpl_toolkits.mplot3d.Axes3Dを読み込んでおきます．

0502.ipynb

```
from matplotlib import pyplot
from mpl_toolkits.mplot3d import Axes3D
```

続いて以下を実行してみましょう.

0502.ipynb

```
fig = pyplot.figure()
ax = fig.add_axes((0, 0, 1, 1), projection="3d")
ax.set_xlabel("x")
ax.set_ylabel("y")
ax.set_zlabel("z")
lim = 1.25
ax.set_xlim(-lim, lim)
ax.set_ylim(-lim, lim)
ax.set_zlim(-lim, lim)
x = df.iloc[:, 0]
y = df.iloc[:, 1]
z = df.iloc[:, 2]
ax.scatter(x, y, z, c="blue")  # データ点を青とする
ax.scatter(0, 0, 0, c="red")  # 原点を赤とする
```

実行結果

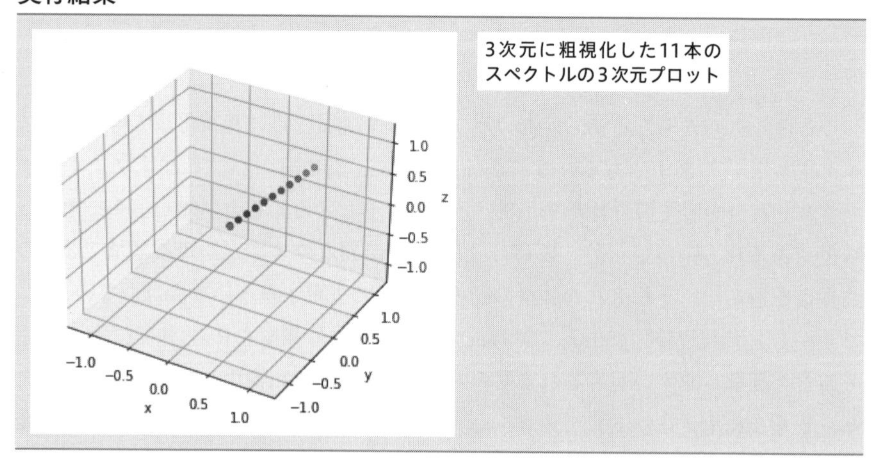

3次元に粗視化した11本のスペクトルの3次元プロット

x軸，y軸，z軸の値はそれぞれ，450 nm，500 nm，550 nmにおける吸光度です．11個の点はそれぞれの濃度におけるスペクトルを表しており，原点を通る直線上に並んでいることがわかります．11個の点を全て通る直線は

$$\begin{pmatrix} x & y & z \end{pmatrix} = C \begin{pmatrix} 0.5 & 1.0 & 0.5 \end{pmatrix}$$

で表すことができます．この$\mathbf{K} = \begin{pmatrix} 0.5 & 1.0 & 0.5 \end{pmatrix}$を，拡張されたランベルト・ベールの法則における吸光係数として考えてみましょう．すなわち，各サンプルの濃度を縦長のベクトル$\mathbf{C}$でまとめて

$$\mathbf{A} = \mathbf{CK}$$

が成り立つか，確認してみます．

0502.ipynb

```
C = numpy.matrix(df.index).T
K = numpy.matrix([0.5, 1.0, 0.5])
print("C =\n", C, "\n")
print("K =\n", K, "\n")
print("C * K =\n", C * K)
```

これを実行すると，

$$\begin{pmatrix} 0.00 & 0.00 & 0.00 \\ 0.05 & 0.10 & 0.05 \\ \vdots & \vdots & \vdots \\ 0.50 & 1.00 & 0.50 \end{pmatrix} = \begin{pmatrix} 0.00 \\ 0.10 \\ \vdots \\ 1.00 \end{pmatrix} \begin{pmatrix} 0.50 & 1.00 & 0.50 \end{pmatrix}$$

となっていることを確認できます．それでは，吸光係数ベクトル$\mathbf{K}$はどのようにして求めればよいでしょうか？$\mathbf{A} = \mathbf{CK}$を$\mathbf{K}$について解いてみましょう．まず，$\mathbf{CK} = \mathbf{A}$の両辺に左から$\mathbf{C}$の転置行列$\mathbf{C}^{\mathbf{T}}$を掛けて正方行列$\mathbf{C}^{\mathbf{T}}\mathbf{C}$をつくります．

$$\mathbf{C}^{\mathbf{T}}\mathbf{C}\mathbf{K} = \mathbf{C}^{\mathbf{T}}\mathbf{A}$$

続いて両辺に左から$\mathbf{C}^{\mathbf{T}}\mathbf{C}$の逆行列$(\mathbf{C}^{\mathbf{T}}\mathbf{C})^{-1}$を掛けて単位行列$(\mathbf{C}^{\mathbf{T}}\mathbf{C})^{-1}\mathbf{C}^{\mathbf{T}}\mathbf{C}$をつくります.

$$(\mathbf{C}^{\mathbf{T}}\mathbf{C})^{-1}\mathbf{C}^{\mathbf{T}}\mathbf{C}\mathbf{K} = (\mathbf{C}^{\mathbf{T}}\mathbf{C})^{-1}\mathbf{C}^{\mathbf{T}}\mathbf{A}$$

$(\mathbf{C}^{\mathbf{T}}\mathbf{C})^{-1}\mathbf{C}^{\mathbf{T}}\mathbf{C}$は単位行列ですから, 次のように$\mathbf{K}$を解くことができます.

$$\mathbf{K} = (\mathbf{C}^{\mathbf{T}}\mathbf{C})^{-1}\mathbf{C}^{\mathbf{T}}\mathbf{A}$$

実際に既知の$\mathbf{A}$と$\mathbf{C}$から未知の$\mathbf{K}$を求めてみましょう.

0502.ipynb

```
A = numpy.matrix(df)
C = numpy.matrix(df.index).T
K = (C.T * C).I * C.T * A
print(K)
```

粗視化した3次元データにおいて, $\mathbf{K} = \begin{pmatrix}0.5 & 1.0 & 0.5\end{pmatrix}$となっていることを確認できましたね. 同様に, 元の81次元データでも$\mathbf{K}$を解いてみましょう.

0502.ipynb

```
A = numpy.matrix(data)
C = numpy.matrix(data.index).T
K = (C.T * C).I * C.T * A
pyplot.plot(data.columns, numpy.array(K)[0])
```

実行結果

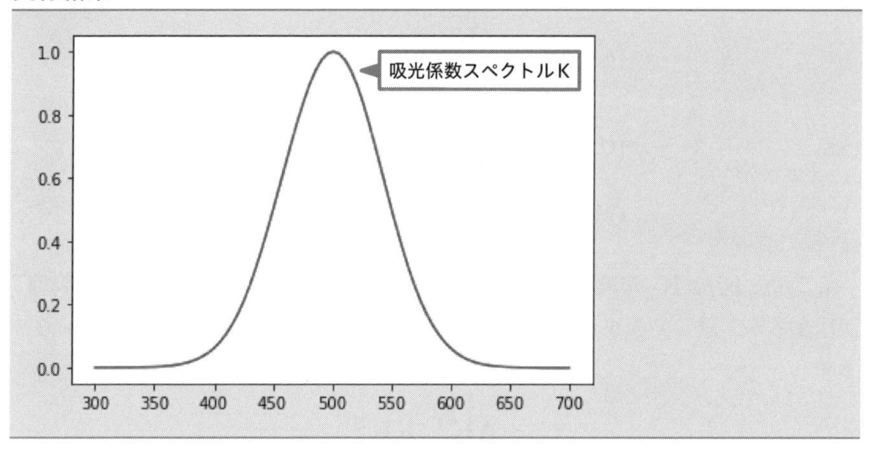

私たちは81次元空間を想像できませんが，ここに示された$\mathbf{K}$ベクトルに沿って，11点のデータが81次元空間に，原点から遠ざかるように並んでいると理解することができます．

5.3 混合物のスペクトル

前節と同様に3次元データを考えましょう．波長$\lambda_1, \lambda_2, \lambda_3$における吸光係数が$\mathbf{K_1} = \begin{pmatrix}1.00 & 0.50 & 0.10\end{pmatrix}$である色素と$\mathbf{K_2} = \begin{pmatrix}0.20 & 0.50 & 0.80\end{pmatrix}$である色素を，それぞれの濃度が$C_1$と$C_2$となるように溶液を調整して吸収スペクトルを測定することを想定します．例えば濃度が$C_1 = 0.30$，$C_2 = 0.40$あるときの吸光度スペクトルは

$$\begin{aligned}\mathbf{A} &= C_1\mathbf{K_1} + C_2\mathbf{K_2}\\ &= 0.30 \times \begin{pmatrix}1.00 & 0.50 & 0.10\end{pmatrix} + 0.40 \times \begin{pmatrix}0.20 & 0.50 & 0.80\end{pmatrix}\\ &= \begin{pmatrix}0.38 & 0.35 & 0.35\end{pmatrix}\end{aligned}$$

となります．これは次のように書き換えることが可能です．

$$
\begin{aligned}
\mathbf{A} &= C_1\mathbf{K_1} + C_2\mathbf{K_2} \\
&= \begin{pmatrix} C_1 & C_2 \end{pmatrix} \begin{pmatrix} \mathbf{K_1} \\ \mathbf{K_2} \end{pmatrix} \\
&= \begin{pmatrix} 0.30 & 0.40 \end{pmatrix} \begin{pmatrix} 1.00 & 0.50 & 0.10 \\ 0.20 & 0.50 & 0.80 \end{pmatrix} \\
&= \mathbf{CK}
\end{aligned}
$$

ここで，$\mathbf{K}_1$と$\mathbf{K}_2$が既知であり，測定によって$\mathbf{A}$が得られたときに，計算で$\mathbf{C}$が求まるか，試してみましょう．$\mathbf{A} = \mathbf{CK}$を$\mathbf{C}$について解くと次のようになります．

$$\mathbf{C} = \mathbf{AK^T}(\mathbf{KK^T})^{-1}$$

0503.ipynb

```
A = numpy.matrix([0.38, 0.35, 0.35])
K = numpy.matrix([[1.0, 0.5, 0.1], [0.2, 0.5, 0.8]])
C = A * K.T * (K * K.T).I
print(C)
```

ここで$\mathbf{K_1}$，$\mathbf{K_2}$，$\mathbf{A}$をプロットするプログラムを0503.ipynbに載せました．

実行結果

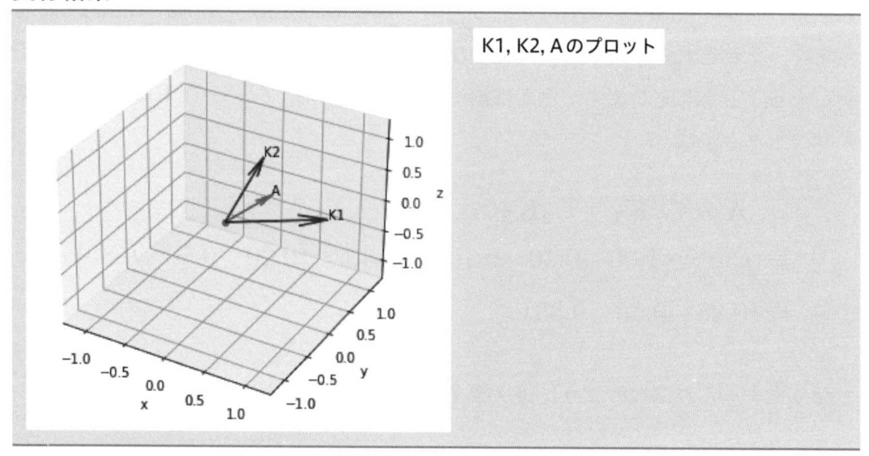

このプロットを使って混合物のスペクトルを説明します．吸光係数が$\mathbf{K}_1$である色素の溶液のスペクトルは，濃度によって$\mathbf{K}_1$ベクトルの定数倍となる直線上に現れます．同様に，吸光係数が$\mathbf{K_2}$である色素の溶液のスペクトルは$\mathbf{A} = C_2\mathbf{K_2}$となる直線上の点として表されます．次に，吸光係数が$\mathbf{K_1}$である色素と$\mathbf{K_2}$である色素の2成分が含まれる混合溶液のスペクトルを考えてみましょう．プロット中の$\mathbf{A} = C_1\mathbf{K_1} + C_2\mathbf{K_2}$は，$C_1 = 0.30$，$C_2 = 0.40$となる混合物のスペクトルでした．このように，吸光係数が$\mathbf{K_1}$である色素と$\mathbf{K_2}$である色素の混合物のスペクトルは，$\mathbf{K_1}$ベクトルと$\mathbf{K_2}$ベクトルで張られる平面上にプロットされます．別な言い方をすると，この2成分混合系のスペクトルは，3つの説明変数を使って測定され，3次元空間にプロットされましたが，うまく軸を選ぶことで，2次元空間にプロットしなおすことができるということになります．これを一般化すると，$\boldsymbol{n}$次元空間で測定したスペクトルが$\boldsymbol{k}$種類の混合によるものであるとき，全てのスペクトルは$\boldsymbol{k}$次元空間に次元削減してもきちんと表現できる，ということになります．このときの$\boldsymbol{k}$種類は，化合物の違いでも，構造の違いでも，相互作用の違いでもかまいません．この，新しい軸の数を決め，それぞれの軸の方向を決める作業が，ケモメトリックスの計算をする上で重要となります．また，ノイズ（データ点の直線上からのずれ）やベースライン変動（直線そのものの原点からのずれ）の影響をどのように扱うかも腕の見せ所です．それでは次章以降でケモメトリックスの各論を説明していきます．

6 次元削減

前章では，説明変数（例えば波長点数）がn個のスペクトルをn次元空間の点として考え，それがk種類の混合によるものであるとき，全てのスペクトルデータはk次元空間に次元削減して表現できることを述べました．本章ではこれを実際のスペクトルデータで計算してみます．まずは次のようなシミュレーションスペクトルを作って，data6.csvとして保存しておきましょう．

0600.ipynb

```
x = numpy.arange(0, 81, 1)  # 説明変数
c = numpy.arange(0, 11, 1)  # サンプル変数
y1 = 0.1 * numpy.exp(-4 * numpy.log(2) * (x - 30) ** 2 / 20 ** 2)
y2 = 0.05 * numpy.exp(-4 * numpy.log(2) * (x - 50) ** 2 / 20 ** 2)
y3 = numpy.random.rand(len(c), len(x)) * 0.01
y = numpy.array([c]).T * y1 + numpy.array([10 - c]).T * y2 + y3 #
信号強度
data = pandas.DataFrame(y, index=c, columns=x)
data.T.to_csv("data6.csv")
data.T.plot()
```

実行結果

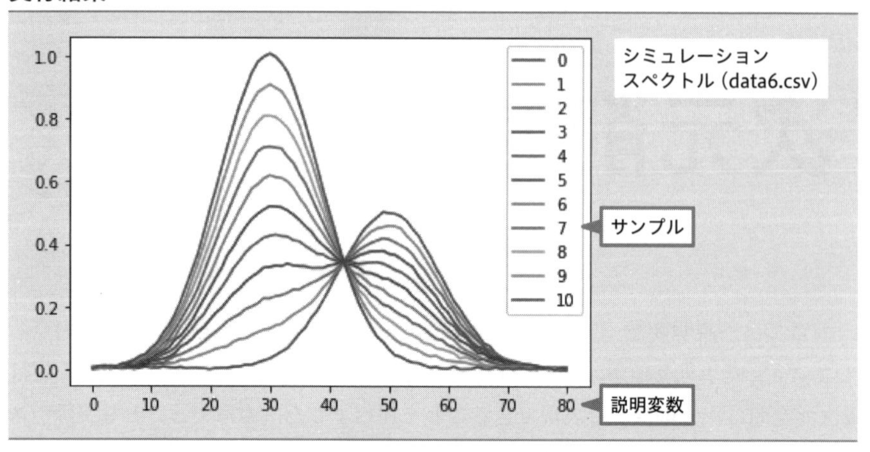

このシミュレーションスペクトルは，サンプル変数cの増加に対して，ピーク位置が30であるガウス波形y1が増加し，ピーク位置が50であるガウス波形y2が減少しており，全体に1%のノイズが加えられています．ですから，実際のスペクトルは81次元のデータですが，情報としては2次元に次元削減できると考えられます．それでは実際に計算をしてみましょう．

6.1 特異値分解（SVD）

特異値分解（Singular Value Decomposition, SVD）は，$m \times n$ 行列 $\mathbf{A}$ を次のように分解します．

$$\underset{(m \times n)}{\mathbf{A}} = \underset{(m \times r)}{\mathbf{U}} \times \underset{(r \times r)}{\mathbf{S}} \times \underset{(r \times n)}{\mathbf{V}^{\mathrm{T}}}$$

ここでrは行列$\mathbf{A}$の階数（ランク），$\mathbf{S}$はr個の特異値$s_1, s_2, \cdots, s_r$を対角線に並べた行列です．行列$\mathbf{A}$として，11行81列のシミュレーションスペクトル（data6.csv）を読み込んでpandas.DataFrameオブジェクトに変換したdataを用いてみましょう．特異値分解をした結果は，行列Uにサンプル方向の情報が，行列$\mathbf{V}^{\mathbf{T}}$に説明変数（スペクトル）方向の情報が格納されます．それではnumpy.linalg.svd関数を使って特異値分解をしてみます．

0601.ipynb

```
U, s, V = numpy.linalg.svd(data.values)
print(s)
```

実行結果

```
[8.4286… 3.0547… 0.0296… 0.0283… 0.0268… 0.0255… 0.0242…
0.0231… 0.0220… 0.0207… 0.0194… ]
```

特異値sは1次元配列で降順に並べられており，大きいものから2つ以外は，ほとんどゼロであることがわかります．特異値sを対角線に並べた行列はnumpy.diag(s)で作ることができます．U, s, Vをそれぞれ第2成分まで取りだした行列にしておきましょう．

0601.ipynb

```
U = numpy.matrix(U[:, :2])
S = numpy.matrix(numpy.diag(s[:2]))
V = numpy.matrix(V[:2])
```

まず，V行列を可視化してみます．Vは既に転置されて横長になっていることに注意してください．

0601.ipynb

```
pandas.DataFrame(V).T.plot()
```

実行結果

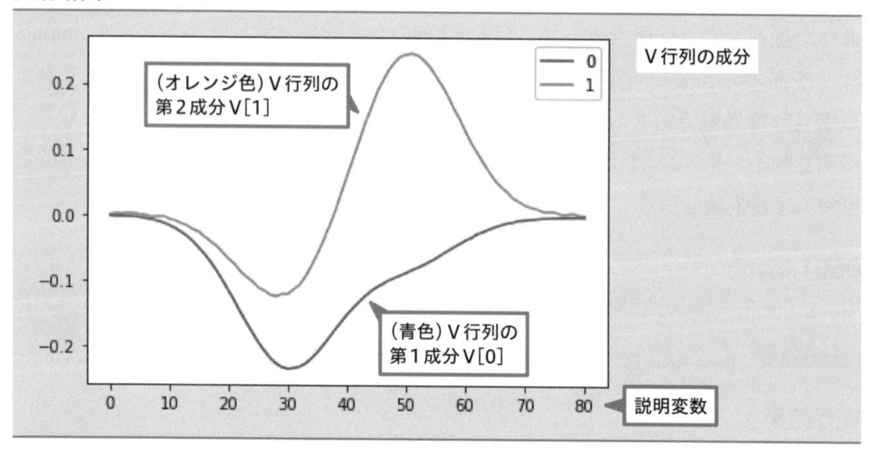

V行列にはV[0]とV[1]の2つのスペクトル情報が格納されており，dataがこの2つのベクトルの線形結合で表現できることを表しています．次にサンプル方向の情報が格納されたU行列のみをプロットしてもよいのですが，特異値を掛けてU * S行列としてからプロットしてみます．

0601.ipynb

```
pandas.DataFrame(U * S).plot()
```

実行結果

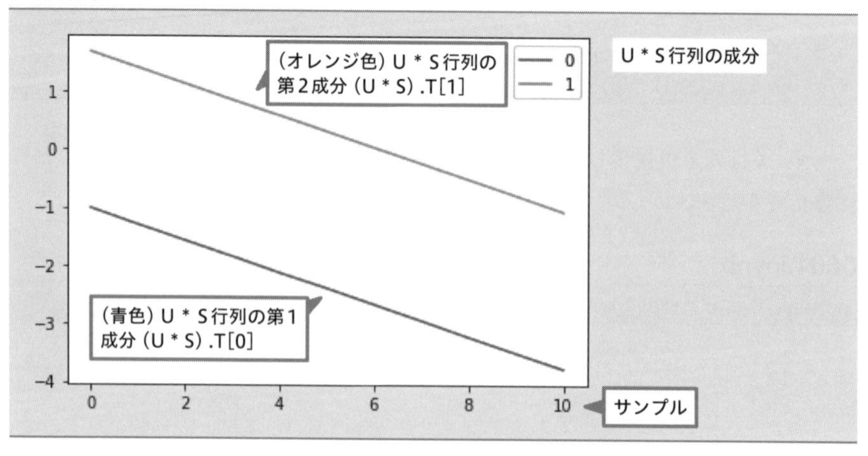

これにより，V[0]の波形もV[1]の波形も，サンプル方向に減少していることがわかります．この，サンプル方向の情報U * Sとスペクトル方向の情報Vの積をそれぞれの成分ごとに計算してプロットし，全ての成分（ここでは2成分）を足し合わせてみましょう．

0601.ipynb

```
pandas.DataFrame((U * S)[:, 0] * V[0]).T.plot(title = "1st")
pandas.DataFrame((U * S)[:, 1] * V[1]).T.plot(title = "2nd")
pandas.DataFrame((U * S)[:, 0] * V[0] + (U * S)[:, 1] * V[1]
).T.plot(title = "1st + 2nd")
```

実行結果

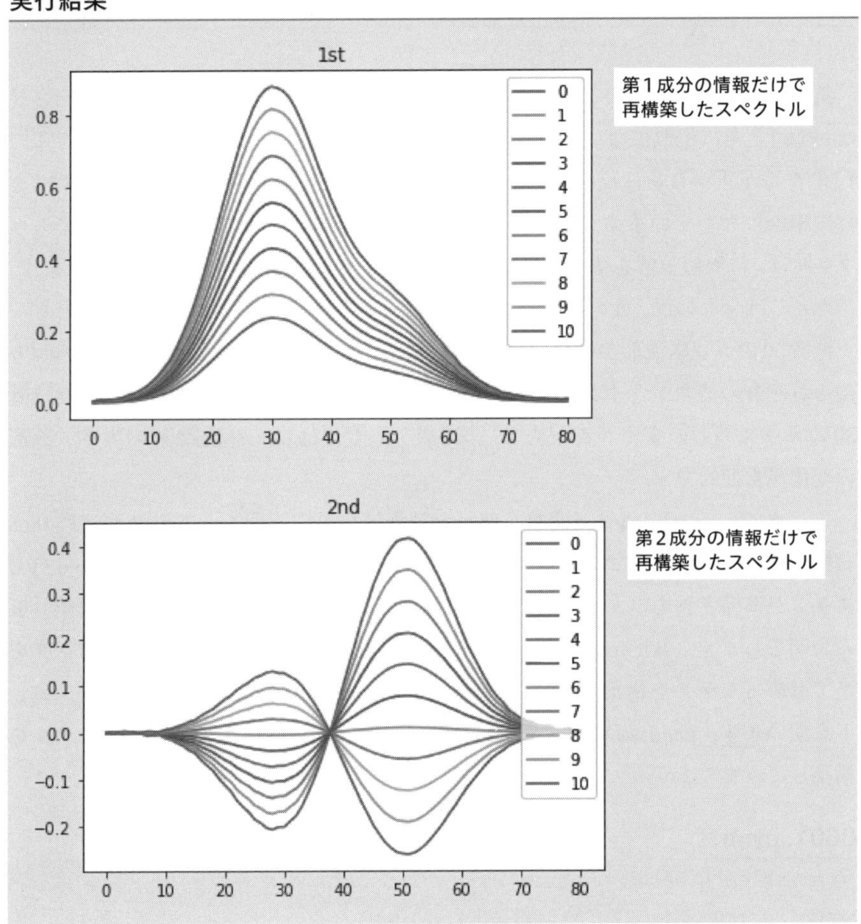

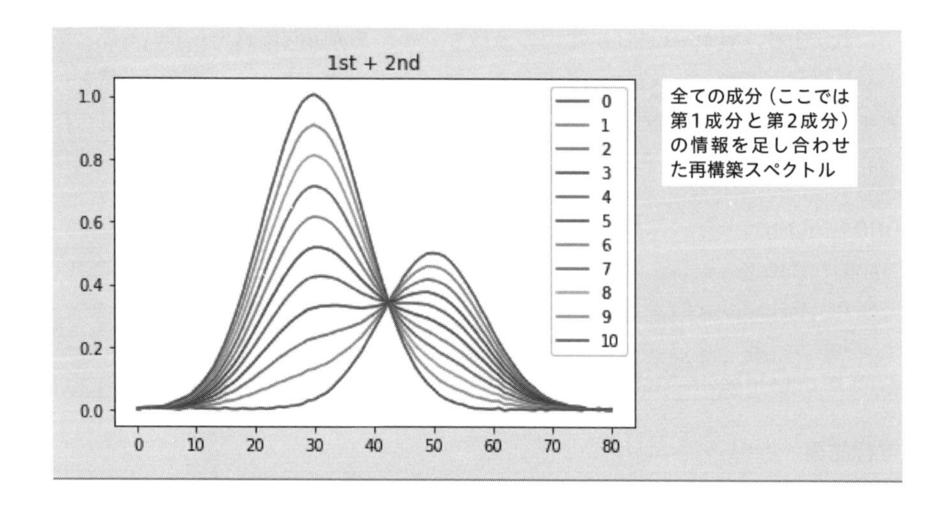

第1成分は(U * S)[:, 0]の値が常に負ですから，V[0]の波形を上下反転させた-V[0]と常に相似になっているのがわかります．第2成分は，途中で(U * S)[:, 1]の符号が正から負に反転するので，波形も途中で上下に反転しますが，V[1]と常に相似になっています．そして，第1成分と第2成分を足し合わせた再構築スペクトルは，特異値分解をする前の元のスペクトルと一致していることがわかります．

ただし残念なのは，元のスペクトルが，ピーク位置30のガウス波形の変化とピーク位置50のガウス波形の変化の足し合わせだったのが，第1成分と第2成分の両方にそれぞれの情報が含まれてしまいました．しかし，第1成分の変化はピーク位置30のガウス波形の変化が支配的で，第2成分の変化はピーク位置50のガウス波形の変化が支配的です．

ここまでnumpy.linalg.svd関数を使った特異値分解の説明をしましたが，Pythonの機械学習ライブラリであるscikit-learnにはsklearn.decomposition.TruncatedSVDクラスが準備されています．次にこれを使った，打ち切り（Truncated）特異値分解の説明をします．sklearn.decomposition.TruncatedSVDクラスに何らかのデータを当てはめてモデルを構築するにはsklearn.decomposition.TruncatedSVD().fitメソッドを使います．pandas.DataFrameオブジェクトであるdataを当てはめてモデルを構築してみましょう．

0601.ipynb

```
from sklearn.decomposition import TruncatedSVD
model = TruncatedSVD().fit(data.values)
```

このmodelの特異値をmodel.singular_values_で確認すると，2成分で打ち切られているのがわかります．次にmodel.components_で各成分を取り出してみましょう．

0601.ipynb

```
pandas.DataFrame(model.components_, columns=data.columns).T.plot()
```

実行結果

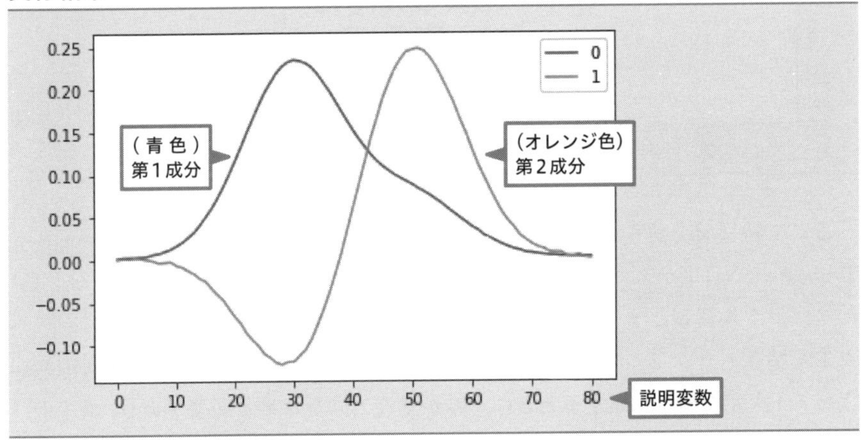

また，何らかのデータをモデルに当てはめてデータを次元削減するにはmodel.transformメソッドを使います．ここではpandas.DataFrameオブジェクトであるdataを当てはめてみます．

0601.ipynb

```
pandas.DataFrame(model.transform(data.values), index=data.index
).plot()
```

実行結果

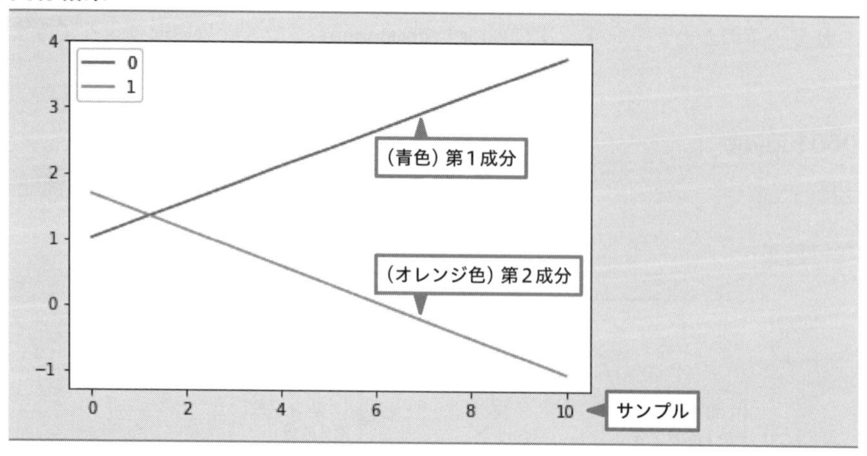

ここで特異値分解をnumpy.linalg.svd関数で行ったときとsklearn.decomposition.TruncatedSVDクラスで行ったときを比較してみましょう．第2成分（オレンジ色）のスペクトル情報とサンプル情報は一致していますが，第1成分（青色）は，スペクトル情報もサンプル情報も上下が逆さまになっています．これは，次元削減によって1次元の軸を探索するときに，軸が進む方向を決める必要があり，2つのうちどちらを選んでも本質的に差がないことをあらわしています．例えば東海道新幹線を1次元の軸として考えると，東京方面に向かっているときに京都駅は名古屋駅より3駅後（－3駅）ですが，新大阪方面に向かっているときに京都駅は名古屋駅より3駅先（＋3駅）になります．実際は東京方面を上りとしていますが，関西圏に住んでいる人は新大阪方面を上りとした軸の選び方をした方が扱いやすいということです．ですから，次元削減をして得られたスペクトル情報とサンプル情報は，同一成分の間で符号を反転させてもかまいません．具体的な操作は後ほど説明します．

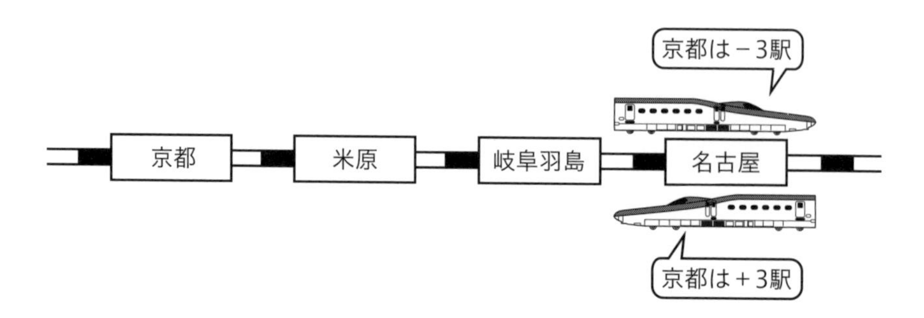

6.2 主成分分析（PCA）

主成分分析（Principal Component Analysis, PCA）は，n次元空間に散らばったm個のデータを新しい軸に射影するときに，その軸上でデータの分散が最大となるような軸を探索します．第1主成分（PC1）はn次元空間で全データの分散が最大となるような軸を選ぶのに対して，第2主成分（PC2）はPC1と直交するように，$n-1$次元空間で全データの分散が最大となるような軸を選び，以降，第k主成分はそれまでに決定した主成分の全てと直交するという拘束条件の下で全データの分散が最大となるような軸を選んでいきます．図6.2.1は2次元空間（説明変数が2つ）のときの主成分分析の模式図です．PC1は全データの分散が最大となるように軸が選ばれており，PC2はPC1に直交するという拘束条件の下で全データの分散が最大となるように軸が選ばれているのがわかります．このようにして選ばれた軸のことをローディングと呼び，元のデータをローディングに射影した値をスコアと呼びます．図6.2.1では赤で示された新たな軸がローディング，新たな軸で各データを読み取った座標がスコアとなります．図6.2.1では二次元空間に散らばっているデータについて，分散が大きい情報をPC1軸に整理し，分散が小さい情報をPC2軸にまとめることができました．主成分分析ではこのようにして，多変量データに内在している情報をまとめあげていきます．

図 6.2.1 主成分分析の模式図

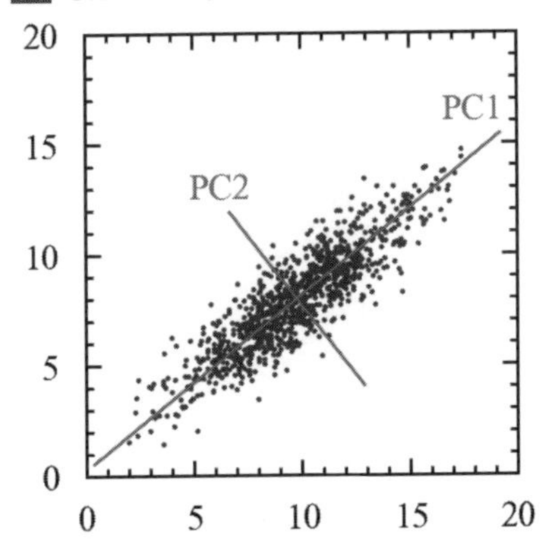

それでは実際にdata6.csvをPandas.DataFrameオブジェクトとして読み込んだdataを使って主成分分析を行ってみましょう．TrancatedSVDのときと同様の手順で，sklearn.decomposition.PCAクラスを準備し，fitメソッドでdataを当てはめます．

0602.ipynb

```
from sklearn.decomposition import PCA
model = PCA().fit(data.values)
```

このときの各主成分の累積寄与率はmodel.explained_variance_ratio_で調べることができます．PC1の累積寄与率はほぼ1で，その他はほぼ0となっており，今回はPC1だけで全データのほとんどを説明できていることがわかります．

このときのローディングはmodel.components_で取り出すことができるので，次のようにpandas.DataFrameオブジェクトであるloadingにまとめ，PC1とPC2のローディングだけをプロットしてみます．

0602.ipynb

```
loading = pandas.DataFrame(model.components_,
columns=data.columns)
loading.iloc[0:2].T.plot()
```

実行結果

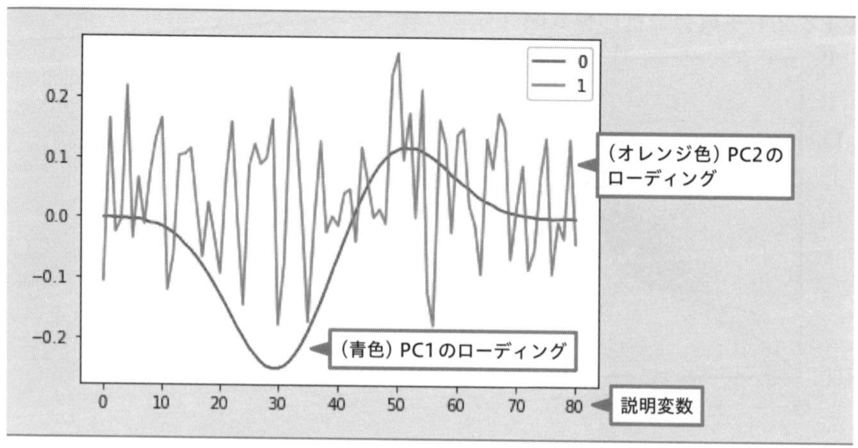

ローディングに対するスコアはmodel.transform()で射影することができま

す．次のようにpandas.DataFrameオブジェクトであるscoreにまとめ，PC1とPC2のスコアだけをプロットしてみます．

0602.ipynb

```
score = pandas.DataFrame(model.transform(data.values),
index=data.index)
score.iloc[:, 0:2].plot()
```

実行結果

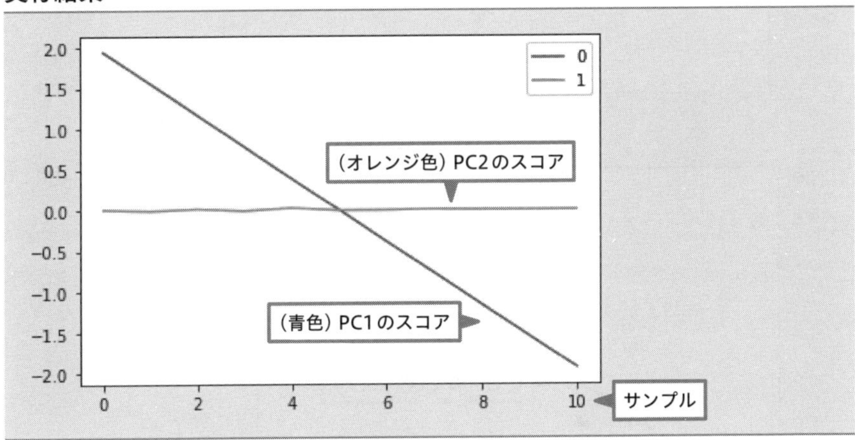

ローディングもスコアも，青色の0番目がPC1でオレンジ色の1番目がPC2です．PC1のローディングは説明変数が30付近で最小，50付近で最大となり，そのスコアはサンプル変数方向に減少しています．新しい軸の方向と座標を同時に反転させても元の空間での座標は変わらないので，PC1のローディングとスコアにそれぞれ−1を掛けて反転させてみましょう．

0602.ipynb

```
i = 0  # PC1
loading.iloc[i] *= -1
loading.iloc[i].T.plot()
pyplot.show()
score.iloc[:, i] *= -1
score.iloc[:, i].plot()
pyplot.show()
```

実行結果

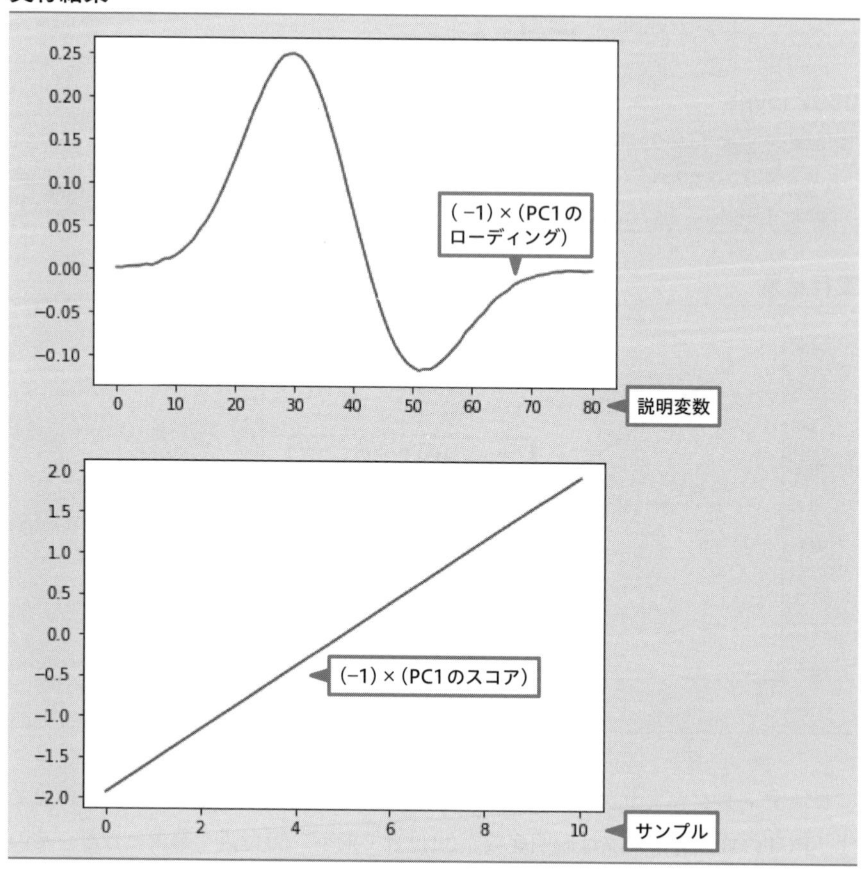

実行結果の上の出力をみると，説明変数30付近は正の波形であり，サンプル変数が増えると増加することがわかります．逆に説明変数50付近は負の波形であり，サンプル変数が増えると負の波形が増える，即ち正の波形が減ると読むことができます．第k主成分のローディングとスコアの組み合わせでデータの解釈が困難なときは，このように，ローディングとスコアの両方に−1を掛けて反転させてもかまいません．

次にPC2をみてみましょう．オレンジ色で示したPC2のローディングはノイズ波形であり，そのスコアは全てのサンプル変数でほぼ0となっています．このことから，PC2には元のデータの波形を変化させる情報がほとんどないと読み取ることができます．このことは，PC2以降の累積寄与率がほぼ0となっていることに対応しています．

ここで，スコア行列とローディング行列の積によって元のデータが再現されるかを確認してみましょう．

0602.ipynb

```
pandas.DataFrame(score.values @ loading.values).T.plot()
```

実行結果

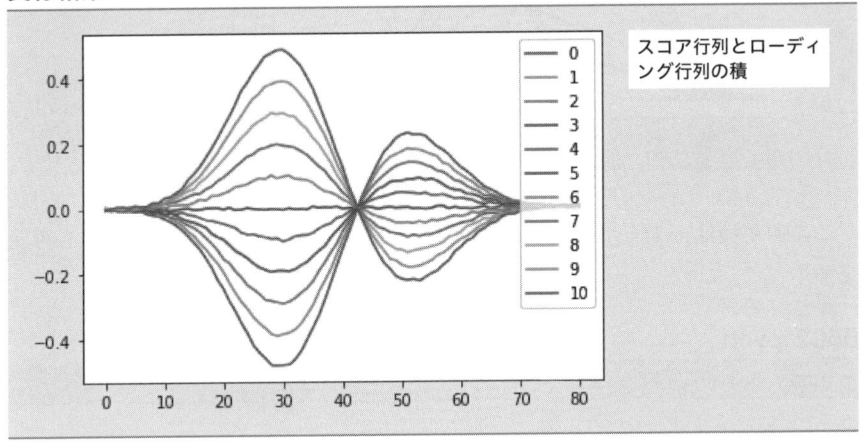

想定とは違い，元のデータが再現されず，元のデータがセンタリングされたような結果となりました．これは，主成分分析が「分散」を最大化する計算に基づいているためです．分散の計算にセンタリングが含まれているので，主成分分析を行う前にセンタリングを行う必要はありません．図6.2.1を見ても，全データは，元の座標の原点まわりに散らばっていないのに対し，主成分分析によって得られた新しい座標に対して原点まわりに散らばっているのがわかります．ですから主成分分析の逆変換は，スコア行列とローディング行列の積を求め，それに平均スペクトルを足して原点を元に戻す必要があります．

0602.ipynb

```
(pandas.DataFrame(score.values @ loading.values) + data.mean()
).T.plot()
```

実行結果

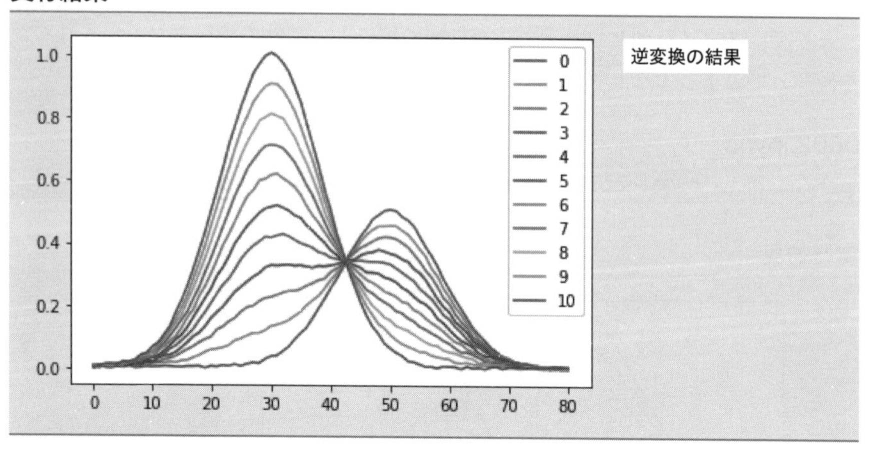

この逆変換はinverse_transform関数を使って次のように簡単に書くことも可能です．

0602.ipynb

```
pandas.DataFrame(model.inverse_transform(score)).T.plot()
```

実行結果

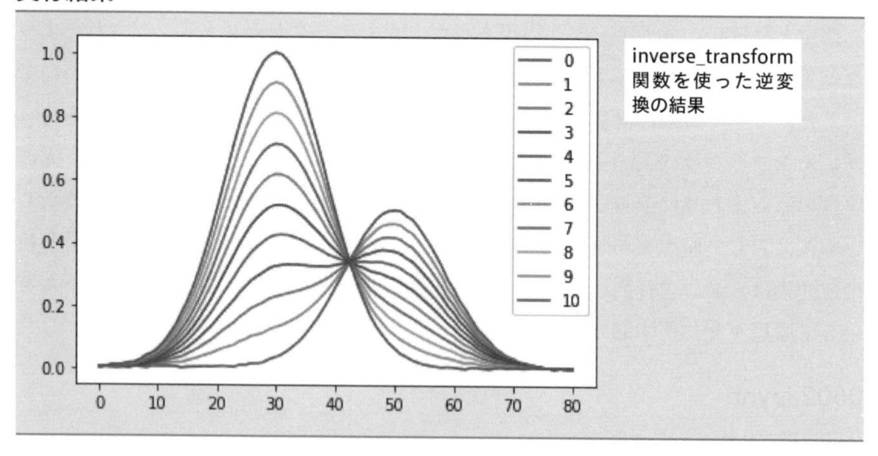

実際の機器分析データでは，累積寄与率が小さい主成分は元データのノイズに由来していると考えられるので，累積寄与率が大きいr番目の主成分までを取り出して逆変換を行うことにより，ノイズ除去をすることが可能です．

0602.ipynb

```
r = 1
model = PCA(n_components=r).fit(data.values)
score = model.transform(data.values)
pandas.DataFrame(model.inverse_transform(score)).T.plot()
```

実行結果

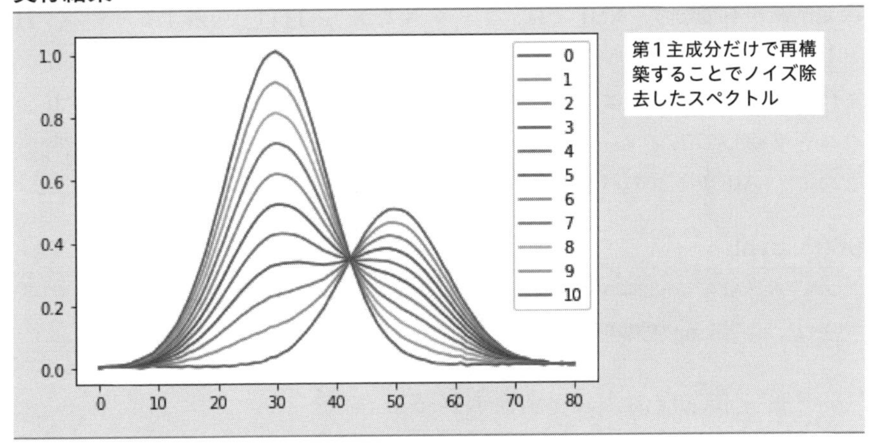

図 6.2.2 主成分分析の概略図

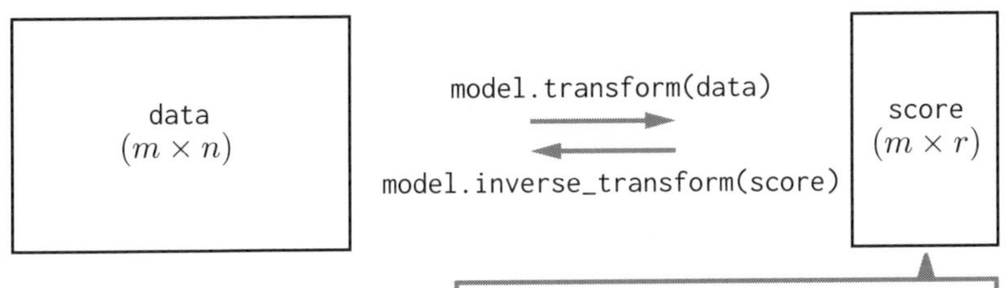

6.3 非負値行列因子分解（NMF）

ここまで扱ってきたSVDやPCAはローディングに負の信号があらわれましたが，実際の機器分析データでは負の信号を扱わないこともあります．そのようなときは，**非負値行列因子分解（Non-negative Matrix Factorization, NMF）**による次元削減が有効です．NMFでは，データ$\mathbf{X}$を$\mathbf{X} = \mathbf{HU}$と分解するときに，$\mathbf{H}$と$\mathbf{U}$が負にならないように制限しながら誤差行列$\mathbf{X} - \mathbf{HU}$を最小化します．

Pythonで計算するには，これまでの手順と同様にsklearn.decomposition.NMFクラスを準備してfitメソッドでモデルを構築します．今回は成分数が2でよさそうなので，NMFクラスのパラメータでn_componens=2を指定しておきます．

0603.ipynb

```
from sklearn.decomposition import NMF
model = NMF(n_components=2).fit(data.values)

loading = pandas.DataFrame(model.components_,
columns=data.columns)
loading.T.plot()

score = pandas.DataFrame(model.transform(data.values),
index=data.index)
score.plot()
```

実行結果

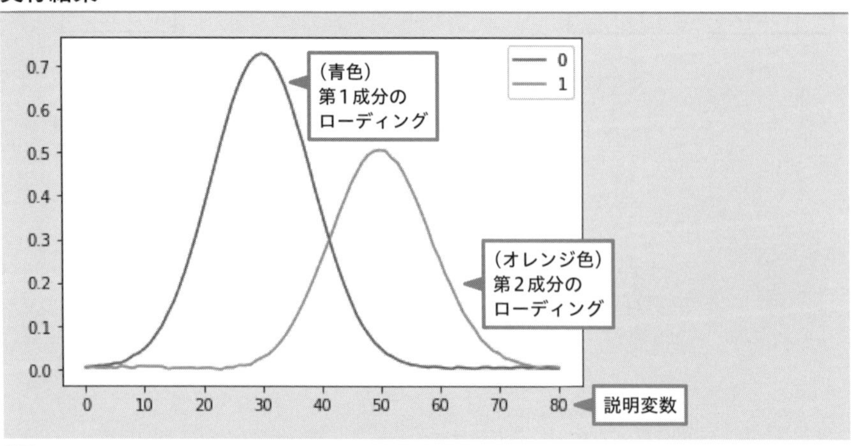

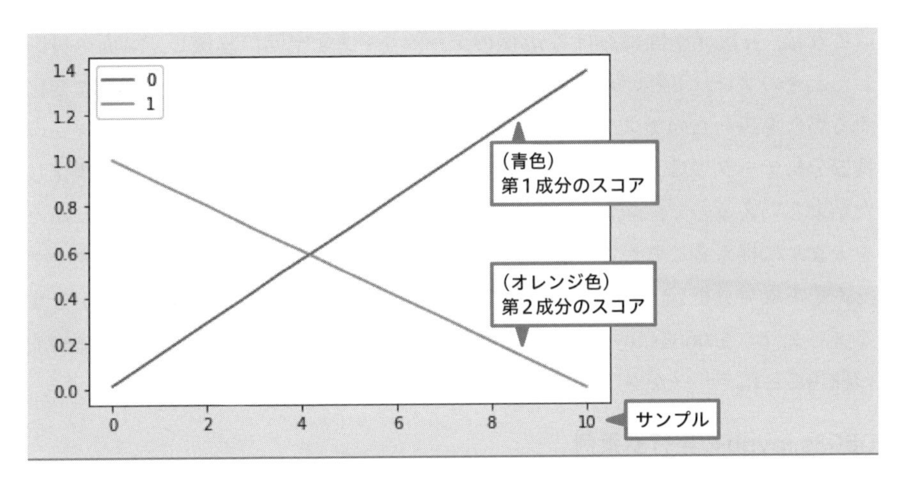

ここで，i番目のスコアを横軸に，j番目のスコアを縦軸にとってプロットしてみましょう．このようなプロットをスコア-スコアプロットと呼びます．

0603.ipynb

```
i, j = 0, 1
pyplot.scatter(score.iloc[:, i], score.iloc[:, j])
pyplot.show()
```

実行結果

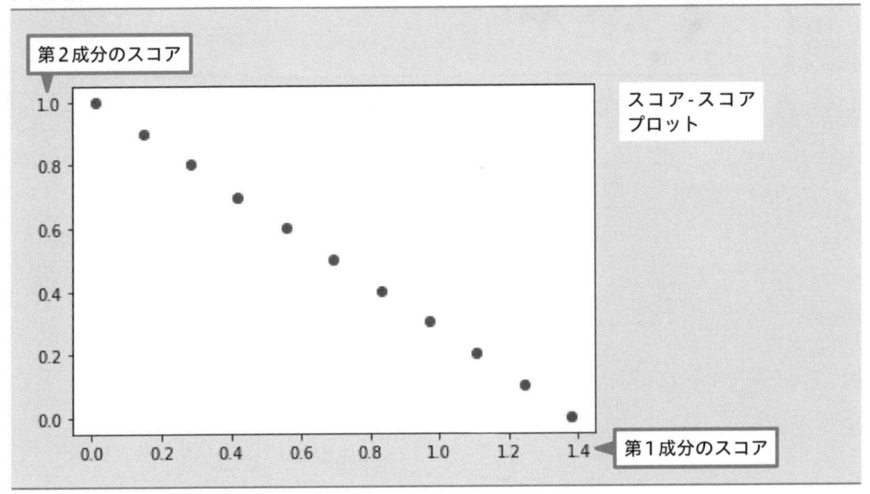

これは，n次元空間におけるm個のデータをr次元空間に写像し，i-j面へ投影したときのプロットといえます．今回はモデルデータとして信号強度が単調に変化する場合を扱ったのでスコア-スコアプロットも単調に変化していますが，実際の機器分析データでは，n次元空間の全データを2次元空間に次元削減して可視化した結果といえるので，スコア-スコアプロットからサンプルの偏りや変化のしかたを大まかに捉えることができます．例えば第4章で扱った植物油の液体クロマトグラムを主成分分析し，植物油の種類ごとに色を変えてスコア-スコアプロットをするプログラムを0603s.ipynbとして準備しました．これをみると，大まかに植物油の種類ごとにデータがクラスター化されているのがわかります．

0603s.ipynbの実行結果例

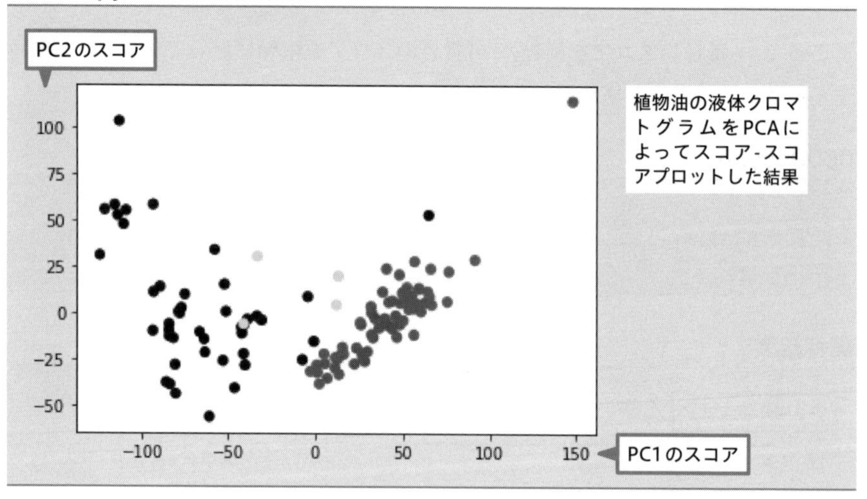

7 クラスタリング

本章ではデータの**クラスタリング**について説明します．クラスタリングは次元削減と同様に教師なし学習で，データが散らばった多次元空間における距離に基づいてデータをクラスターにまとめていきます．例えば2次元空間における2点$\mathbf{p}=(p_1,p_2)$と$\mathbf{q}=(q_1,q_2)$の距離が$\sqrt{(q_1-p_1)^2+(q_2-p_2)^2}$で計算できるように，$n$次元空間における2点間の距離は$\sqrt{(q_1-p_1)^2+(q_2-p_2)^2+\cdots+(q_n-p_n)^2}$で計算できます．クラスタリングは後述するクラス分類と似ていますが，クラス分類は教師あり学習で，各データがどのグループに属するのかを学習しますが，クラスタリングでは多次元空間におけるデータ間の関係を学習します．ここでは第4章で用いた植物油の液体クロマトグラムを使ってクラスタリングを行ってみましょう．data4.csvとprop4.csvが同じフォルダにあることを確認して次を実行してください．

0700.ipynb

```
filename = "data4.csv"
data = pandas.read_csv(filename, header=0, index_col=0).T
filename = "prop4.csv"
prop = pandas.read_csv(filename, header=None, index_col=0
).squeeze()
data.index = prop.values
```

これでpandas.DataFrameオブジェクトであるdataはdata.valuesにクロマトグラムが，data.indexに植物油の種類が格納されます．data.indexに書き込まれた植物油の種類は表7.1に示す通りです．

表 7.1 data.indexに書き込まれた植物油の種類

data.index	植物油の種類	サンプルサイズ
1	オリーブオイル以外	44
2	オリーブオイル	71
3	オリーブ混合オイル	5

7.1 階層的クラスタリング

ここではデータを階層的にクラスタリングして，その結果を**樹形図**（**デンドログラム**）で表してみます．樹形図はサンプルサイズが多いと見にくいので，まず，ランダムに10本のクロマトグラムを選んでpandas.DataFrameオブジェクトであるdataを上書きしておきましょう．

0701.ipynb

```
data = data.sample(frac=1, random_state=0).iloc[:10]
for i in range(1, 4): data.iloc[data.index == i].T.plot()
```

実行結果

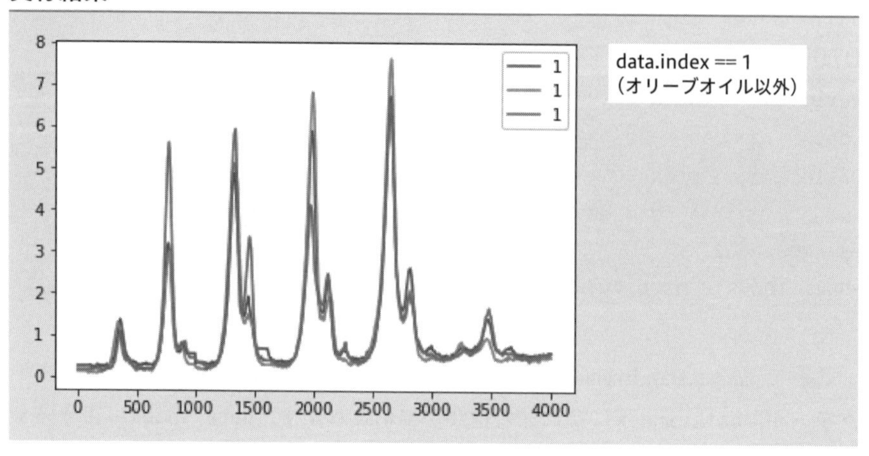

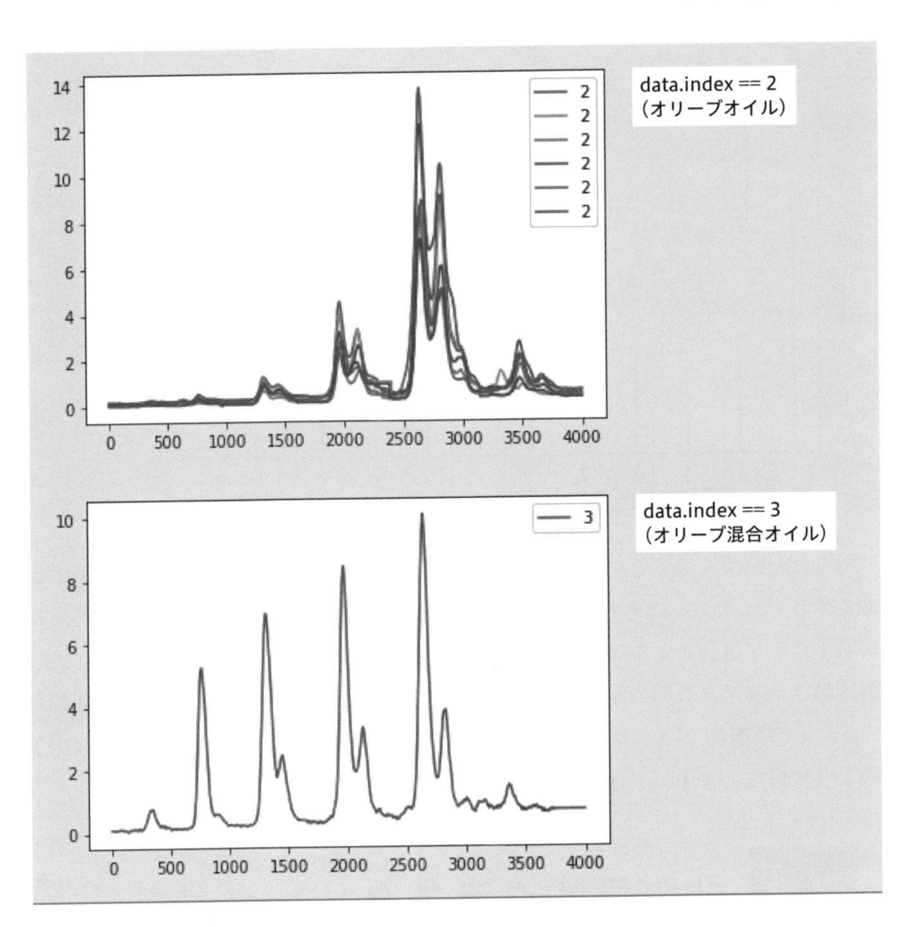

この10本のクロマトグラム（data）を使って階層的クラスタリングをしてみます．階層的クラスタリングをするにはscipy.cluster.hierarchy.linkage関数を使い，得られた結果をデンドログラムとして表示するにはscipy.cluster.hierarchy.dendrogram関数を使います．

0701.ipynb

```
from scipy.cluster.hierarchy import linkage, dendrogram
dendrogram(linkage(data), labels=data.index)
pyplot.show()
```

実行結果

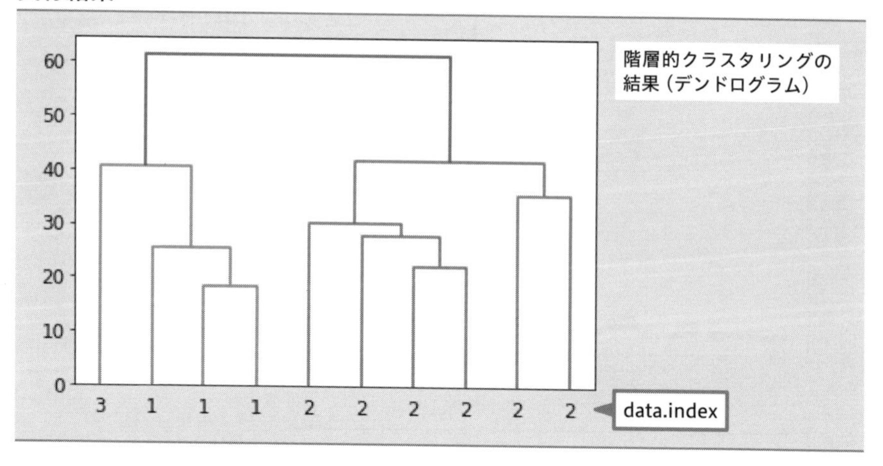

得られた結果をみると，data.indexが1であるオリーブオイル以外とそれが2であるオリーブオイルはそれぞれ別にクラスター化されており，deta.indexが3であるオリーブ混合オイルはオリーブオイル以外に近いことがわかります．このときの縦軸はクラスター間の距離で，さまざまな計算方法が提案されています．例えばWard法で階層的クラスタリングをするときはlinkage(data, method="ward")のように指定します．

7.2 非階層的クラスタリング

次に，デンドログラムのように階層的にクラスタリングをしない，非階層的クラスタリングを行ってみましょう．非階層的クラスタリングにはさまざまな計算方法が提案されていますが，ここでは$\boldsymbol{k}$-means法による計算を試してみます．$\boldsymbol{k}$-means法は，まず，$\boldsymbol{n}$次元空間における$\boldsymbol{m}$個のデータ点を$\boldsymbol{k}$個のクラスターに分類することを決めておき，全データ点をランダムに，いずれかのクラスターに割り当てておきます．次に，各クラスターの重心を計算して，データ点と各クラスターの重心を比較し，最も距離が近いクラスターにデータ点の割り当てを変更します．この操作を，全データ点の割り当てが変化しなくなるまで繰り返します．

実際の計算はsklearn.cluster.KMeansクラスを使います．これまでと同様にsklearn.cluster.KMeansクラスを準備してfitメソッドでモデルを構築し，得られたモデルに対して.predictで計算結果を得ます．このときのクラスターの数はn_clustersで指定します．

0702.ipynb

```
from sklearn.cluster import KMeans
k = 3
model = KMeans(n_clusters=k).fit(data)
cluster = pandas.DataFrame(data.index, columns=["data"])
cluster["KMeans"]=model.predict(data)
cluster
```


今回はクラスターの数がわかっていましたが，わからない場合は事前に予測する必要があります．クラスターの数の予測にはさまざまな方法が提案されていますが，ここでは**エルボー法**を紹介します．エルボー法ではクラスターの数を変えながらクラスター内誤差平方和（Sum of Squared Errors of prediction, SSE）を計算し，それをプロットします．SSEは.inertia_で計算できます．

0702.ipynb

```
sse=[]
K = range(1,10)
for k in K:
    model = KMeans(n_clusters=k).fit(data)
    sse.append(model.inertia_)
pyplot.scatter(K, sse)
pyplot.show()
```

実行結果

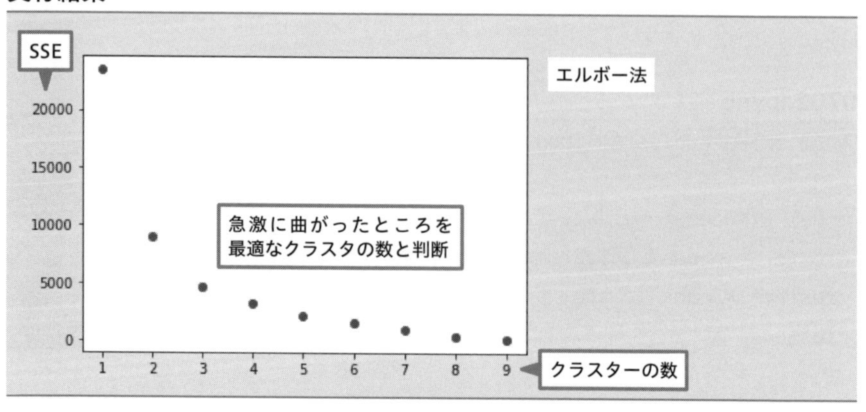

SSEはクラスターの数を増やすと単調に減少しますが，このとき，エルボー (肘) のように急激に曲がったところを最適なクラスターの数と判断します．

回帰

本章では，多変量の機器分析データで定量分析を行う**回帰**について説明します．回帰を行うには**検量線**を準備する必要があり，各サンプルにおける機器分析データ（説明変数）と教師データ（目的変数）の対応関係を学習させます．

例えば果物の選果場では，大きさや形だけでなく，糖度も含めてひとつひとつの品質が決められており，全数の糖度が，果汁を搾ることなく非破壊で定量分析されています．この技術は，非破壊で測定した近赤外スペクトルと，果汁を搾って測定した糖度との関係を学習させ，得られた検量線によって現場で測定したスペクトルから糖度を推定しています．ですから，このような機器分析データを用いた回帰では，教師データの品質が重要であり，教師データの不確かさより精度よく分析はできません．

本章では第3章で紹介したトウモロコシの近赤外スペクトルを用いて回帰を行います．このデータセットには4種類の教師データが含まれていますが，本章ではトウモロコシに含まれているタンパク質の量を近赤外スペクトルに対して回帰してみましょう．まず，第3章で準備したdata3.csvとprop3.csvが同じフォルダにあることを確認して次を実行してください．

0800.ipynb

```
filename = "data3.csv"
data = pandas.read_csv(filename, header=0, index_col=0).T
filename = "prop3.csv"
prop = pandas.read_csv(filename, header=0, index_col=0)
i = 2  # タンパク質を選択
data.index = prop.iloc[:, i].values
data.T.plot(legend=None)
```

実行結果

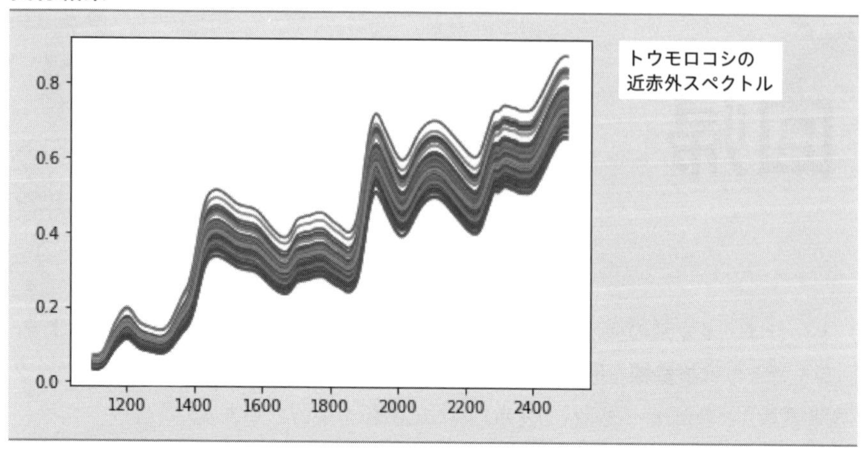

これでdata.indexにタンパク質量，data.columnsに波長，data.valuesに吸光度が格納されたpandas.DataFrameオブジェクトであるdataを準備することができました．

8.1 データの前処理

本節では，よりロバストな検量線モデルを得るための準備として，スペクトルデータの前処理をしておきます．このような解析の前に行うデータの前処理は，機器分析の前に行うサンプルの前処理と同じように重要で，最終的な分析結果に大きな影響を与えるために，注意深く行う必要があります．

まず，多重散乱の影響を補正するためにSNVを行いましょう．

0801.ipynb

```
data = ((data.T - data.T.mean()) / data.T.std()).T
data.T.plot(legend=None)
```

実行結果

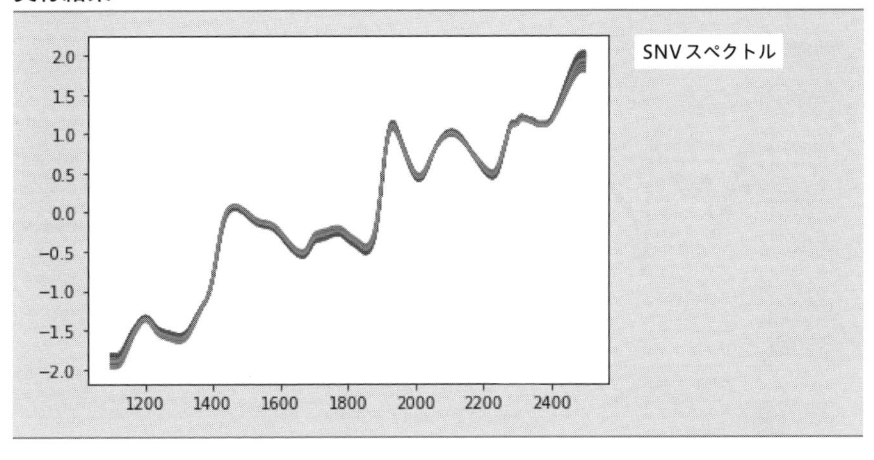

次に重なったピークを分離するために平滑化点数を7として2次微分をします.

0801.ipynb

```
from scipy.signal import savgol_filter
window = 7
buff = data
buff = savgol_filter(buff, window, 2, 0)
buff = savgol_filter(buff, window, 2, 1)
buff = savgol_filter(buff, window, 2, 0)
buff = savgol_filter(buff, window, 2, 1)
data = pandas.DataFrame(buff, index=data.index,
columns=data.columns)
data.T.plot(legend=None)
```

実行結果

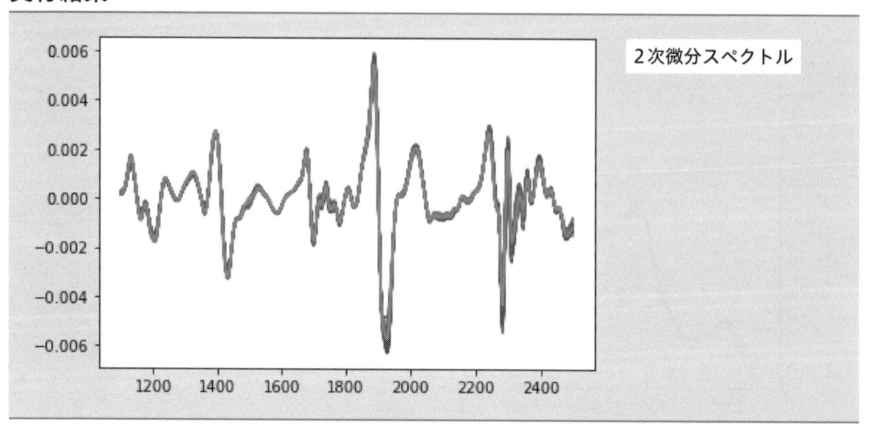

ここで得られた2次微分スペクトルを用いて以降で回帰を行いますが，その前に，次のようにセンタリングをしたときの波形を確認しておきましょう．

0801.ipynb

```
(data - data.mean()).T.plot(legend=None)
```

実行結果

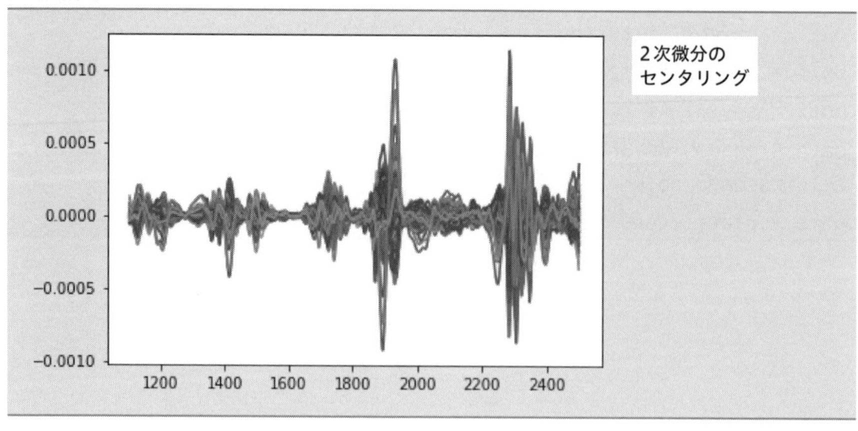

例えば1600nm付近は縦軸の信号強度の変化がほとんどなく安定しています．この波長帯はO-H伸縮振動第1倍音とC-H伸縮振動第1倍音の境目で，この領域に近赤外吸収を与える化合物がないと考えられ，また，他の信号レベルと比較してノイ

ズレベルが十分に小さいことが確認できます．逆に2300 nm付近は複数のピークに分かれ，それぞれの信号強度がサンプルによって大きく変化しているのがわかります．この波長帯はC-H伸縮振動とC-H変角振動の結合音の領域で，この領域にはトウモロコシに含まれているさまざまな化合物の量に関する情報が含まれていそうです．

もし信号レベルに対して1600 nm付近のような信号がない領域のノイズレベルが大きいときは，2次微分の平滑化点数を増やすなど，スペクトルデータの前処理条件を最適化する必要があります．

8.2 キャリブレーションとバリデーション

pandas.DataFrameオブジェクトであるdataには80本のスペクトルデータが含まれていますが，これを図8.2.1に示すように，トレーニングデータとテストデータの2つに分け，トレーニングデータで検量線モデルを構築し，テストデータで得られたモデルのロバスト性を検証します．このような，モデルを構築する作業を**キャリブレーション**，得られたモデルを検証する作業を**バリデーション**といいます．

図 8.2.1 データの分割の模式図

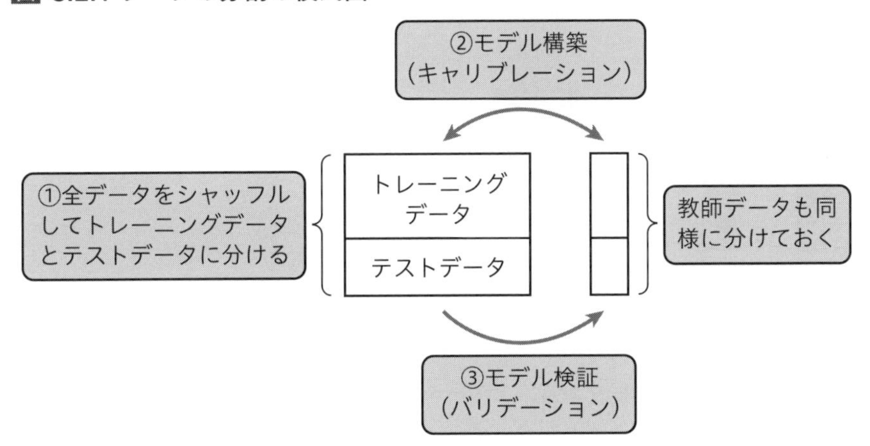

sklearnにはデータセットをトレーニングデータとテストデータに分けるためのsklearn.model_selection.train_test_split関数が準備されており，それを使いましょう．今回は全データの60%に当たる48本をランダムに選んでトレーニングデータ

とし，残りの40%に当たる32本をテストデータとします．トレーニングデータの割合はtrain_test_split関数のパラメータであるtrain_sizeで指定し，発生させる乱数の初期値をrandom_stateで指定します．今回はtrain_test_split関数で分けたトレーニングデータとテストデータにそれぞれtrainとtestという変数名を付けました．トレーニングデータとテストデータの分け方が適切であるかを確認するために，それぞれの教師データをバイオリンプロットで可視化してみましょう．

0802.ipynb

```
from sklearn.model_selection import train_test_split
train, test = train_test_split(data, train_size=0.6,
random_state=8)
pyplot.violinplot([data.index, train.index, test.index])
pyplot.show()
```

実行結果

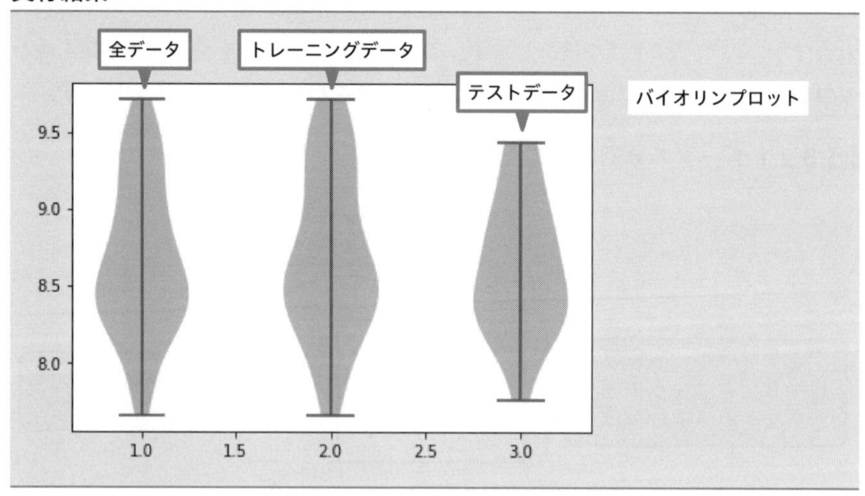

バイオリンプロットは左から，全データ，トレーニングデータ，テストデータのタンパク質量の分布をあらわしています．これにより，テストデータのタンパク質量の最小値と最大値が，トレーニングデータのタンパク質量のそれを超えていないことが確認できます．もしテストデータにおける目的変数の範囲がトレーニングデータにおける目的変数の範囲を超えてしまったときは，random_stateの値を変えてデータを分けなおしておきましょう．

8.3 線形単回帰と回帰の評価

ここでは1つの説明変数（波長）を選んで，その信号強度だけで**線形単回帰**を行ってみましょう．今回は2次微分強度の変化が大きい2304 nmを説明変数に選んでみます．まずは2304 nmにおける2次微分強度とそのときの目的変数となるタンパク質量を，トレーニングデータとテストデータでそれぞれ抽出しておきます．

0803.ipynb

```
i = 2304
train_x = train.loc[:, i].values
train_y = train.loc[:, i].index.values
test_x = test.loc[:, i].values
test_y = test.loc[:, i].index.values
```

説明変数xで目的変数yを線形単回帰するモデリングの式は$y = ax + b$です．線形回帰を行うにはsklearn.linear_model.LinearRegressionクラスを使います．fitメソッドの引数は，次元削減のときは機器分析データだけでしたが，回帰では機器分析データ（説明変数）と教師データ（目的変数）の2つになります．

0803.ipynb

```
from sklearn.linear_model import LinearRegression
x = numpy.array([train_x]).T
y = train_y
model = LinearRegression().fit(x, y)
```

トレーニングデータの信号強度を`numpy.array([train_x]).T`としているのは，第1引数の説明変数が列方向にならんでいる必要があるからです．このモデリングによって得られる傾きaと切片bは次のようにして取り出すことができます．

0803.ipynb

```
a = model.coef_[0]
b = model.intercept_
print("a =", a)
print("b =", b)
```

実行結果

```
a = -680.6416…
b = 8.4150…
```

この傾きと切片を用いた直線を描いてみましょう．横軸は説明変数である2304 nmにおける2次微分強度，縦軸は目的変数であるトウモロコシのタンパク質量です．

0803.ipynb

```
x1, x2 = train_x.min(), train_x.max()
y1, y2 = a * x1 + b, a * x2 + b
pyplot.plot([x1, x2], [y1, y2])
pyplot.scatter(train_x, train_y)
pyplot.show()
```

実行結果

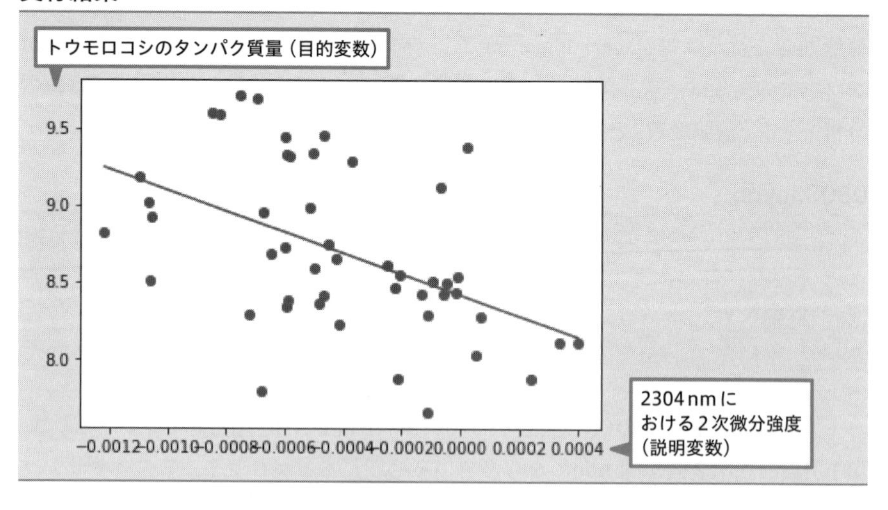

ここで，教師データy_iを横軸に，トレーニングデータをモデルに当てはめたときの予測値$\hat{y}_i$を縦軸にとってプロットしてみます．理想的には$y_i = \hat{y}_i$となるので，それをあらわす直線も描いておきます．

0803.ipynb

```
pyplot.figure(figsize=(6, 6))
calibration = model.predict(x)
pyplot.scatter(y, calibration)
y1, y2 = y.min(), y.max()
pyplot.plot([y1, y2], [y1, y2])
pyplot.show()
```

実行結果

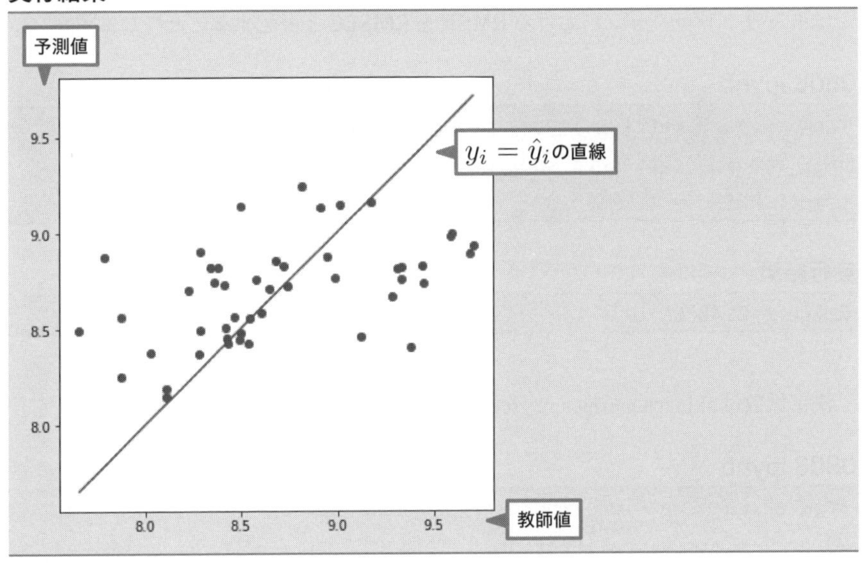

この図から，得られたモデルにデータを当てはめたときの，$y_i = \hat{y}_i$となる理想からのずれを読み取ることができます．そのずれを統計的にあらわすにはいくつかの方法がありますが，ここでは

$$\mathrm{RMSE} = \sqrt{\frac{1}{n}\sum_{i=1}^{n}(y_i - \hat{y}_i)^2}$$

で求められる平均二乗偏差（Root-Mean-Square Error, RMSE）と

$$R^2 = 1 - \left(\sum_{i=1}^{n} (y_i - \hat{y}_i)^2 \bigg/ \sum_{i=1}^{n} (y_i - \bar{y})^2 \right)$$

で求められる決定係数を計算してみます．ここでnはサンプルサイズ，$\bar{y}$は教師データy_iの平均です．

まずRMSEを計算してみましょう．sklearnにはMean-Square-Error (MSE) を計算するsklearn.metrics.mean_squared_error関数がありますから，平方根を計算するnumpy.sqrt関数と組み合わせることで**RMSE**を求めることができます．本書ではキャリブレーションにおけるRMSEを**RMSEC**と表記することにします．

0803.ipynb

```
from sklearn.metrics import mean_squared_error
RMSE = numpy.sqrt(mean_squared_error(y, calibration))
print("RMSEC =", RMSE)
```

実行結果

```
RMSEC = 0.4630…
```

決定係数はsklearn.metrics.r2_score関数を使って計算します．

0803.ipynb

```
from sklearn.metrics import r2_score
R2 = r2_score(y, calibration)
print("R^2 =", R2)
```

実行結果

```
R^2 = 0.2381…
```

ここまで，図8.2.1におけるキャリブレーションの説明をしました．次にバリデーションをしてみましょう．本書ではバリデーションにおけるRMSEを**RMSEV**と表記することにします．

0803.ipynb

```
pyplot.figure(figsize=(6, 6))
varidation = model.predict(test_x.reshape((len(test_x), 1)))
```

```
pyplot.scatter(test_y, varidation)
y1, y2 = train_y.min(), train_y.max()
pyplot.plot([y1, y2], [y1, y2])
pyplot.show()
print("mean =", numpy.mean(test_y))
print("standard deviation =", numpy.std(test_y, ddof=1))
print("RMSEV =", numpy.sqrt(mean_squared_error(test_y,
varidation)))
print("R^2 =", r2_score(test_y, varidation))
```


実行結果

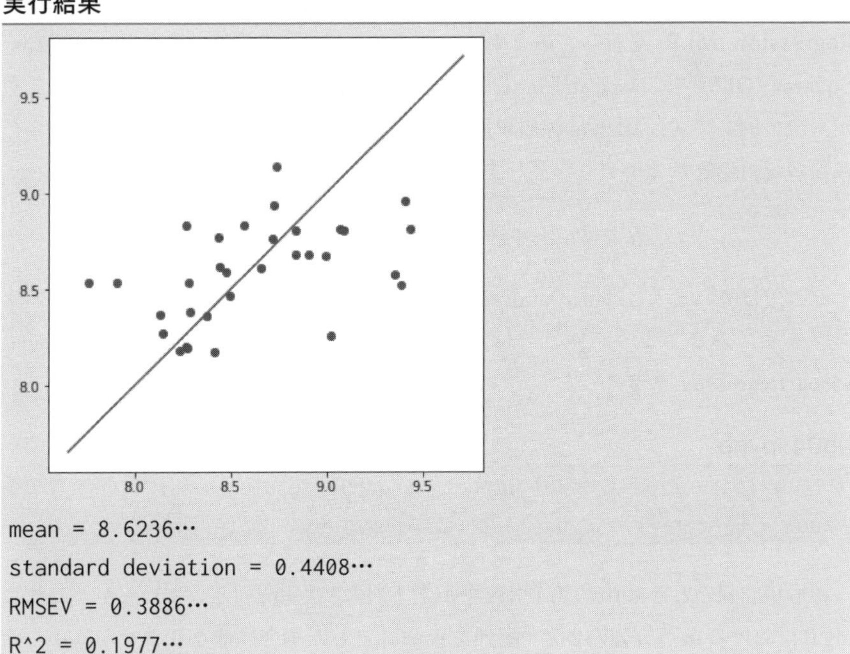


```
mean = 8.6236…
standard deviation = 0.4408…
RMSEV = 0.3886…
R^2 = 0.1977…
```

このようにバリデーションにより，2304 nmにおける2次微分強度を使った線形単回帰では，平均8.624％，標準偏差0.441％であるトウモロコシのタンパク質量が，平均二乗偏差0.389％，決定係数0.198で定量分析ができることがわかりました．決定係数は無次元量であり，$y_i = \hat{y}_i$であるときに最大値1となります．バリデーションにおける平均二乗偏差RMSEVが小さく，バリデーションにおける決定係数R^2が1に近いほど，未知試料に対する分析の不確かさが小さい，ロバストなモデルが得られたと考えられます．今回の結果は決定係数が1に近くなく，2304 nmにおける線形単回帰ではうまくモデリングできないと判断します．

8.4 線形重回帰（MLR）

前節では1つの説明変数（波長）だけで線形単回帰を行いましたが，それならわざわざスペクトルを測定する必要がありません．選果場ならバンドパスフィルターか単色光源を使って分光をすればよいでしょう．せっかく機器分析によって多変量データを得たので，次に多変量データを用いた**線形重回帰**（**Multiple Linear Regression, MLR**）を行ってみます．ケモメトリックスの分野ではOrdinary Least Squares（**OLS**）やClassical Linear Regression（**CLS**）と呼ばれることもありますが，全て同じです．MLRは線形単回帰式$y = ax + b$を拡張して，目的変数yを複数の説明変数x_iでモデリングします．

$$y = b_0 + x_1 b_1 + x_2 b_2 + \cdots + x_n b_n$$

それではさっそくpandas.DataFrameオブジェクトであるtrainを使ってモデリングをしてみましょう．使うのは線形単回帰のときと同じsklearn.linear_model.LinearRegressionクラスです．

0804.ipynb

```
from sklearn.linear_model import LinearRegression
model = LinearRegression().fit(train.values, train.index)
```

線形単回帰のときはfitの第1引数を$\boldsymbol{m}$行1列の2次元配列としましたが，これはMLRにおける$\boldsymbol{m}$行$\boldsymbol{n}$列の2次元配列を$n = 1$とした場合に他なりません．$n + 1$個ある回帰係数b_iも単回帰のときと同様に次のようにして得ることができます．

0804.ipynb

```
x = data.columns
y = model.coef_
pyplot.plot(x, y)
pyplot.show()
print("b0 =", model.intercept_)
```

実行結果

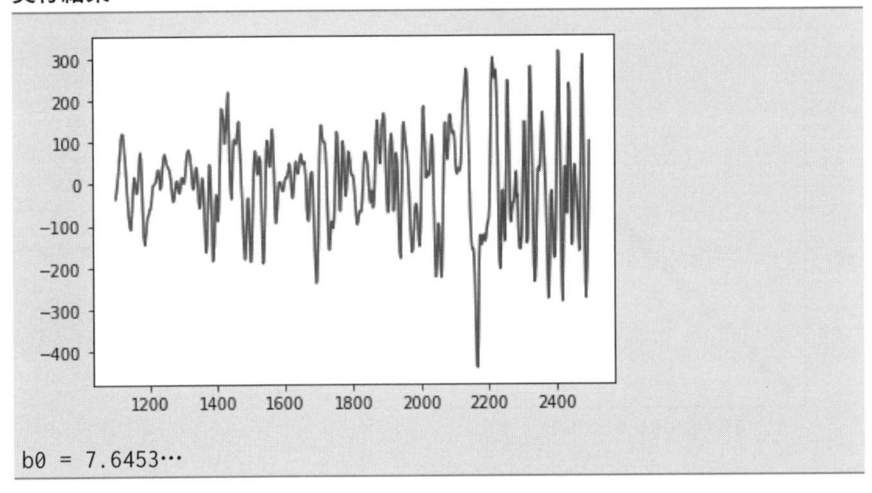

トレーニングデータの1本目のスペクトルをspec = train.iloc[0]として名前を付け，そのときの目的変数train.index[0]，回帰モデルに当てはめたときの予測値model.predict([spec.values])[0]，回帰係数を使って計算したときの予測値spec.values @ model.coef_ + model.intercept_をそれぞれ確認しておきましょう．

次に得られたモデルを使ってキャリブレーションを行ってみます．

0804.ipynb

```
calibration = model.predict(train.values)
pyplot.figure(figsize=(4, 4))
pyplot.scatter(train.index, calibration)
pyplot.plot([data.index.min(), data.index.max()],
[data.index.min(), data.index.max()])
pyplot.show()
from sklearn.metrics import mean_squared_error, r2_score
print("RMSEC =", numpy.sqrt(mean_squared_error(train.index,
calibration)))
print("R^2 =", r2_score(train.index, calibration))
```

実行結果

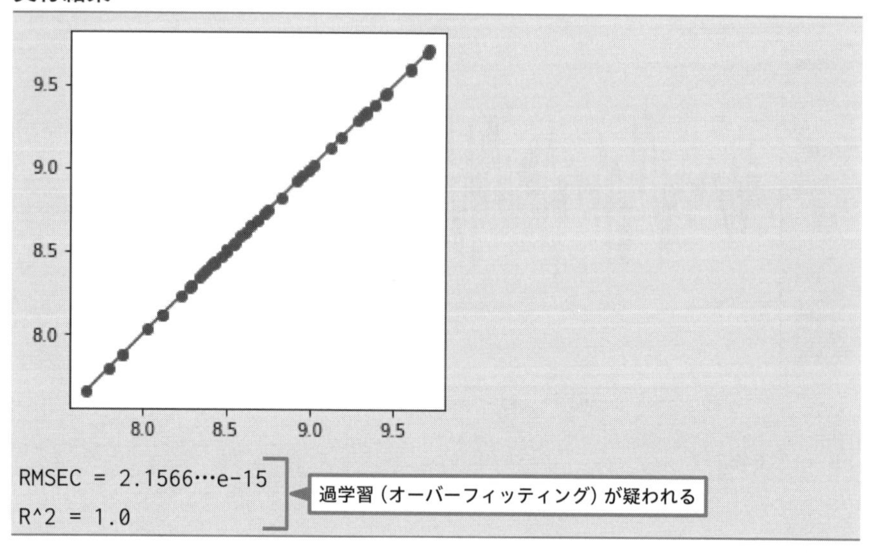

このようにキャリブレーションにおける平均二乗偏差がほぼ0で決定係数が1.0ということは，全データを完全にモデリングできたことをあらわしています．これは典型的な過学習（オーバーフィッティング）が疑われます．過学習については次節で詳しく説明しますが，ここではトレーニングデータにおける二次微分強度の分散が極大となるいくつかの波長を選ぶことで説明変数の数を減らし，線形重回帰を行ってみたいと思います．

0804.ipynb

```
from scipy.signal import find_peaks
peakindex = find_peaks(train.var(), prominence=1.0e-8)[0]
peak = train.var().iloc[peakindex]
train.var().plot()
pyplot.scatter(peak.index, peak.values)
pyplot.show()
print(peak.index.tolist())
```

実行結果

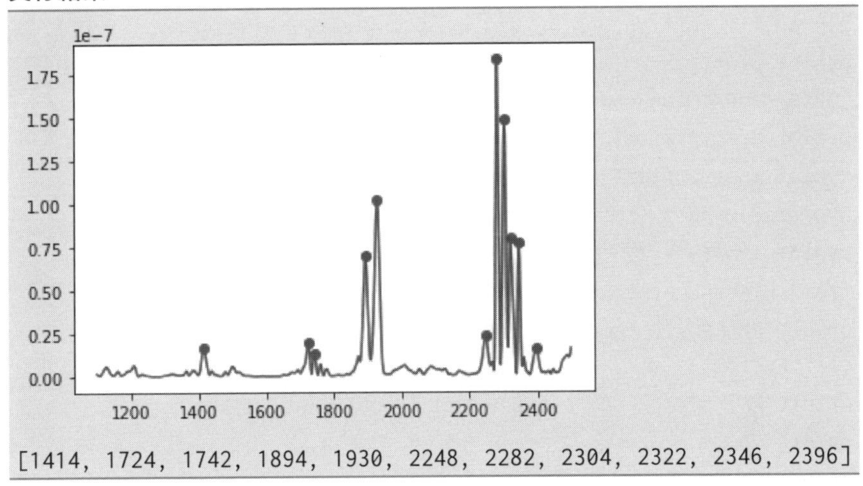


```
[1414, 1724, 1742, 1894, 1930, 2248, 2282, 2304, 2322, 2346, 2396]
```

トレーニングデータの分散スペクトルでピーク強度が1.0×10^{-8}以上となる波長点が11点ありました．この11点における二次微分強度だけをまとめたトレーニングデータとテストデータをそれぞれtrain_peaksとtest_peaksとします．次に，11点のトレーニングデータを用いて線形重回帰を行い，得られたモデルに11点のトレーニングデータを当てはめてキャリブレーションを，11点のテストデータを当てはめてバリデーションをそれぞれ計算しておきます．

0804.ipunb

```
train_peaks = train.iloc[:, peakindex]
test_peaks = test.iloc[:, peakindex]
model = LinearRegression().fit(train_peaks.values,
train_peaks.index)
calibration = model.predict(train_peaks.values)
validation = model.predict(test_peaks.values)
```

それでは得られた結果をプロットしてみましょう．以下のソースコードはこれ以降も使います．回帰の結果をプロットするときはこのソースコードをコピーして使ってください．

0804.ipynb

```
pyplot.figure(figsize=(4, 4))
pyplot.plot([data.index.min(), data.index.max()],
[data.index.min(), data.index.max()], c="black")
pyplot.scatter(train.index, calibration, label="calibration")
pyplot.scatter(test.index, validation, label="validation")
pyplot.legend()
pyplot.show()
from sklearn.metrics import mean_squared_error, r2_score
print("RMSEC =", numpy.sqrt(mean_squared_error(train.index,
calibration)))
print("R^2 =", r2_score(train.index, calibration))
print("")
print("RMSEV =", numpy.sqrt(mean_squared_error(test.index,
validation)))
print("R^2 =", r2_score(test.index, validation))
```

実行結果

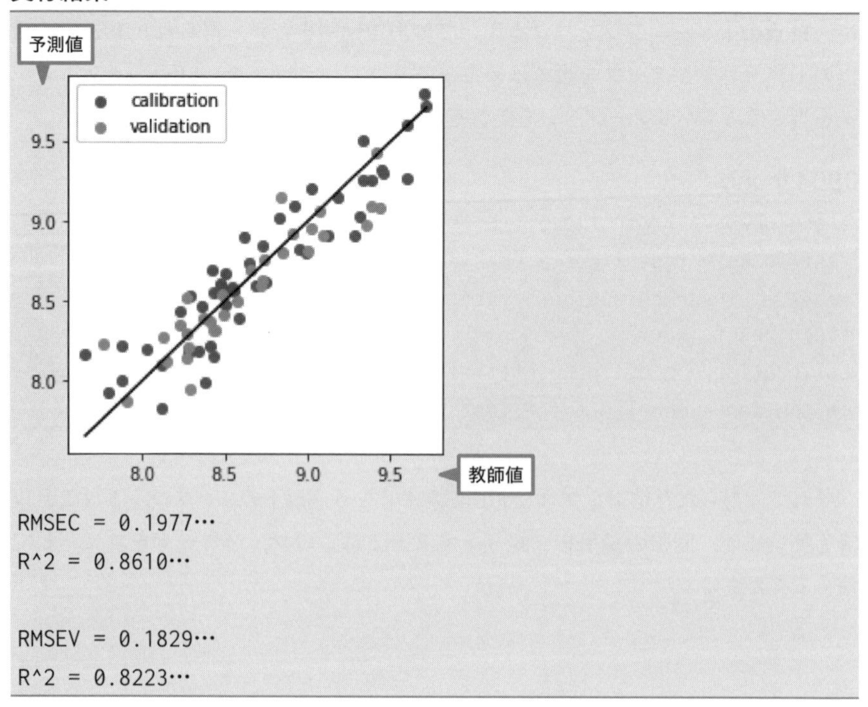


```
RMSEC = 0.1977…
R^2 = 0.8610…

RMSEV = 0.1829…
R^2 = 0.8223…
```

この図で，横軸は教師データの値（目的変数），縦軸はモデルにスペクトルデータ（説明変数）を当てはめたときの予測値です．黒の対角線は教師データの値とモデルに当てはめたときの予測値が完全に一致する理想的な回帰結果で，そこからのずれを数値化したものがRMSEといえるでしょう．図の下にはprint関数を使ってキャリブレーションとバリデーションにおける平均二乗偏差と決定係数をそれぞれ出力しました．

モデルのロバスト性，すなわち，この検量線モデルを使って未知試料のスペクトルデータからタンパク質量を予測するときの予測誤差は，バリデーションにおける平均二乗偏差RMSEVで判断します．このとき，RMSECと比較してRMSEVが極端に大きくなったときは，キャリブレーションはうまくできているけれどもバリデーションがうまくできていないということで，過学習が疑われます．

表8.4.1に，ここまで行った線形単回帰と線形重回帰におけるバリデーションの結果をまとめます．全波長点（700点）を使った線形重回帰では過学習となりました．また，1点を選んで行った線形単回帰と比べて11点を選んで行った線形重回帰はRMSEVが小さくなり，決定係数が1に近づいています．このことから，適切に説明変数を選んで多変量解析を行うことで，単回帰よりもロバストに定量分析ができることがわかります．

表 8.4.1 単回帰と線形重回帰におけるバリデーションの結果

	RMSEV	R^2
線形単回帰（2304 nm）	0.389	0.198
線形重回帰（全700点）	（過学習）	（過学習）
線形重回帰（11点）	0.183	0.822

8.5 多重共線性と過学習

健康診断を受診すると，体重wと身長hを測りますが，それらを用いて計算されるボディマス指標（Body Mass Index）$\mathrm{BMI} = w/h^2$は肥満度をあらわす体格指数となります．このことは，健康診断で複数の項目を測定して健康状態をモデリングする際に，体重と身長は独立した説明変数としてよい選択であることを意味しています．即ち，体重だけで肥満度をあらわすのではなく，身長と組み合わせることで，よりロバストな指標を得ることができるということです．

では，身長hと座高zの組み合わせによって肥満度をモデリングするとどうなるかを考えてみましょう．身長が高い人は座高も高く，逆に身長が低い人は座高も低いはずです．別な言い方をすると，身長と座高は相関が強いと考えられます．ここで線形重回帰によって$\mathrm{BMI} = b_0 + b_1 h + b_2 z$のようにモデリングをするとどうなるでしょうか？ 例えば$b_2 = 0$とおいて身長だけでモデリングを行ったときと，$b_1 = 0$とおいて座高だけでモデリングを行ったときで，モデルのロバスト性はほとんど変わらないでしょう．このように，強く相関する説明変数を組み合わせてモデリングを行うと，回帰係数が決定できなくなる現象を多重共線性といいます．私が子供の頃には健康診断で座高も測っていましたが，いつのまにか測らなくなってしまいました．これは，健康診断のデータを解析するときに，身長と相関が強く，多重共線性を起こしてしまうことに気がついたためかもしれません．

トウモロコシの近赤外スペクトルを用いた線形単回帰によるモデリングでは2304 nmにおける二次微分強度だけを選んで説明変数としましたが，全ての波長を説明変数として用いた線形重回帰では，その隣の2302 nmや2306 nmにおける二次微分強度が2304 nmのそれと相関が強く，多重共線性の影響を受け，回帰係数をうまく決定できていないことが予想されます．スペクトルデータに限らず，機器分析データはピーク波形を複数の説明変数で表現しますが，それによって多重共線性の影響を受けやすくなっています．

また，全ての波長を説明変数として用いた線形重回帰では，48個しかないトレーニングデータを，701個の回帰係数b_iでモデリングしているところに無理があります．これは，2次元空間に48個のデータがあり，それを700次関数でフィッティングしていることに似ています．図8.5.1は，線形関係にノイズを加えたデータを5点プロットし，それを1次関数と4次関数でそれぞれフィッティングしたときの結果を示しています．2点を通る多項式は回帰係数が2個の1次関数で，3点を通る多項式は回帰係数が3個の2次関数であらわすことができるように，n点を通る多項式は回帰係数がn個の$n-1$次関数であらわすことができてしまいます．ですから5点のプロットは回帰係数が5個の4次関数で，48個の点は回帰係数が48個の47次関数で，全ての点を通る回帰線をつくることができてしまいます．このような現象を過学習（オーバーフィッティング）といいます．

図 8.5.1 線形関係にノイズを加えた5点のデータを1次関数と4次関数でそれぞれフィッティングしたときの結果

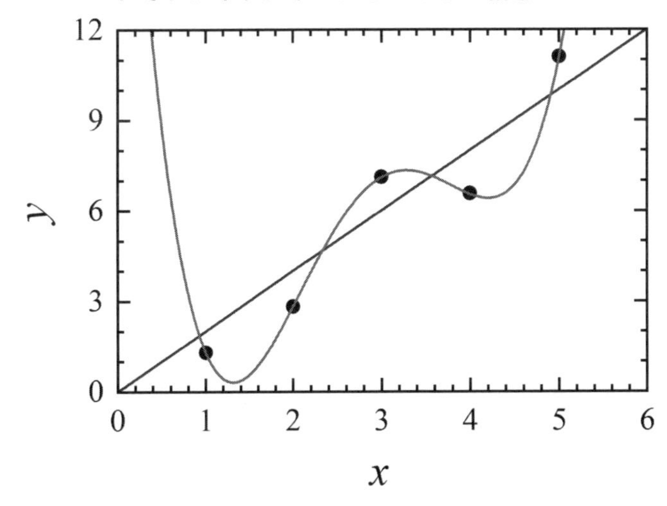

第1章で，健康診断のような縦長のデータセットと比較して，機器分析データはサンプル変数より説明変数が多い横長のデータセットになりやすいことを述べました．そのような横長のデータセットを用いて線形重回帰を行うと，回帰係数の数がサンプル変数の数より多くなってしまい，過学習を起こしてしまうことが予想されます．線形重回帰に限らず，機器分析データの多変量解析では，過学習を起こさないように，なんらかの方法で横長のデータセットを縦長のデータセットにしておく必要があります．このとき，説明変数の数より多くのサンプルを準備することも考えられますが，例えばトウモロコシの近赤外スペクトルの例では，タンパク質量が異なる試料を700以上準備してスペクトル測定をする必要があり，現実的ではありません．次に，手作業で，あるいは何らかの計算で多重共線性を示しにくい説明変数の組み合わせをサンプル変数の数よりも少なくなるように選び出すことが考えられます．前節では分散が大きいピーク波長を，閾値を決めて11点選びました．もうひとつの方法として，次元削減によって説明変数の数を減らし，横長のデータセットを縦長のデータセットに変換してから多変量解析をすることがしばしば行われます．例えば次元削減として主成分分析を用いると，選びだされる各主成分のスコアは，それぞれが多次元空間で直交しているために，多重共線性の影響がなくなります．本書では次元削減と組み合わせた回帰の方法として，以降で主成分回帰(PCR) と部分最小二乗法 (PLS) を紹介します．

8.6 主成分回帰（PCR）

回帰において，多重共線性と過学習の影響を避けるために，主成分分析によって次元削減をしてから線形重回帰を行うのが**主成分回帰**（**Principal Component Regression**, **PCR**）です．ここでもトウモロコシの近赤外スペクトルを用いてタンパク質量を回帰してみます．

まず，トレーニングデータを用いて主成分分析を行い，寄与率をプロットしてみましょう．

0806.ipynb

```
from sklearn.decomposition import PCA
model = PCA().fit(train.values)
pyplot.plot(model.explained_variance_ratio_)
pyplot.show()
```

実行結果

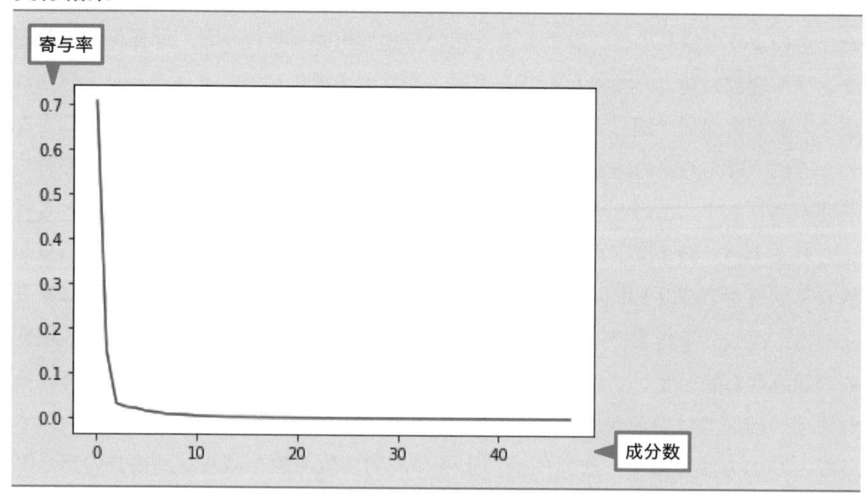

これをみると，横軸の成分数が10くらいまで情報がありそうなので，ここでは成分数を10として主成分分析を行い，得られたスコアで重回帰分析を行ってみます．まず，成分数を10として主成分分析を行い，トレーニングデータとテストデータについて，それぞれスコアを算出しておきます．

0806.ipynb

```
model = PCA(n_components=10).fit(train.values)
train_score = model.transform(train.values)
test_score = model.transform(test.values)
```

次に，トレーニングデータのスコアを用いて線形重回帰を行い，得られたモデルにトレーニングデータのスコアを当てはめてキャリブレーションを，テストデータのスコアを当てはめてバリデーションをそれぞれ計算しておきます．

0806.ipunb

```
from sklearn.linear_model import LinearRegression
model = LinearRegression().fit(train_score, train.index)
calibration = model.predict(train_score)
validation = model.predict(test_score)
```

得られた結果を142頁で紹介したソースコードに当てはめてプロットしてみましょう．

実行結果

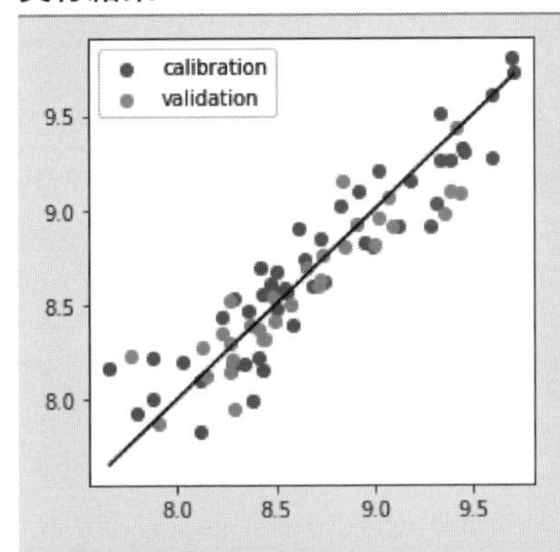


```
RMSEC = 0.1679…
R^2 = 0.8997…

RMSEV = 0.1938…
R^2 = 0.8004…
```

8.7 ハイパーパラメータのチューニングとクロスバリデーション

前節では成分数をひとまず10として主成分回帰を行いました．しかしこれが最適なモデルを与える成分数であるとは限りません．このように，モデルを構築する際に，適切に設定する必要があるパラメータを**ハイパーパラメータ**といいます．ここでは主成分回帰におけるハイパーパラメータである成分数をチューニングして，最適なモデルを構築してみます．

まず，PCAを計算するsklearn.decomposition.PCAクラスとMLRを計算するsklearn.linear_model.LinearRegressionクラスを結合する必要があります．そのときに役立つのがパイプライン処理というテクニックです．パイプライン処理はsklearn.pipeline.make_pipeline関数を使って次のように準備します．

0807.ipynb

```
from sklearn.decomposition import PCA
from sklearn.linear_model import LinearRegression
from sklearn.pipeline import make_pipeline
PCR = make_pipeline(PCA(), LinearRegression())
PCR
```

実行結果

```
Pipeline(steps=[('pca', PCA()), ('linearregression',
LinearRegression())])
```

ここで定義したPCRを使って成分数を10としたときの主成分回帰のモデリングは次のようにします．

0807.ipynb

```
PCR.set_params(pca__n_components=10)
model = PCR.fit(test.values, test.index)
```

次に図8.7.1を用いて**クロスバリデーション**について説明します．ここまでバリデーションは，sklearn.model_selection.train_test_split関数によって全データの60％をトレーニングデータとしてランダムに選び，残りの40％をテストデータとして選んだ後に，トレーニングデータによりキャリブレーションを，テストデータでバリデーションを，それぞれ別に行いました．クロスバリデーションでは，まず，図8.7.1の①に示すように，全データを$\boldsymbol{k}$分割します．図8.7.1では全データを3分割しており，それぞれをx_1, x_2, x_3としました．②では，$\boldsymbol{k}$分割した内の$\boldsymbol{k}-1$セットのデータをまとめてモデリングを行い，モデリングに使わなかったデータセットで予測値を計算します．例えばx_2とx_3をまとめた説明変数とy_2とy_3をまとめた目的変数でモデリングを行い，x_1で予測値を計算して$\hat{y}_1$を得ます．同様の操作を全ての組み合わせで行うと，サンプルサイズと同じ数だけ予測値を得ることができます．③では，得られた予測値と目的変数でモデルの評価を行いますが，sklearnでは$\boldsymbol{k}$分割したそれぞれで決定係数を計算し，その平均をスコアとして採用しています．このとき，$\boldsymbol{k}$分割によりクロスバリデーションを行う方法を$\boldsymbol{k}$-foldクロスバリデーションと呼び，3分割の場合は3-foldクロスバリデーションと呼びます．また，サンプルサイズが$\boldsymbol{n}$であるとき，$\boldsymbol{n}$分割してクロスバリデーションをする方法もあり，leave-one-outクロスバリデーションと呼ばれ，サンプルサイズが小さいときによく使われます．

図 8.7.1 k-foldクロスバリデーションの模式図

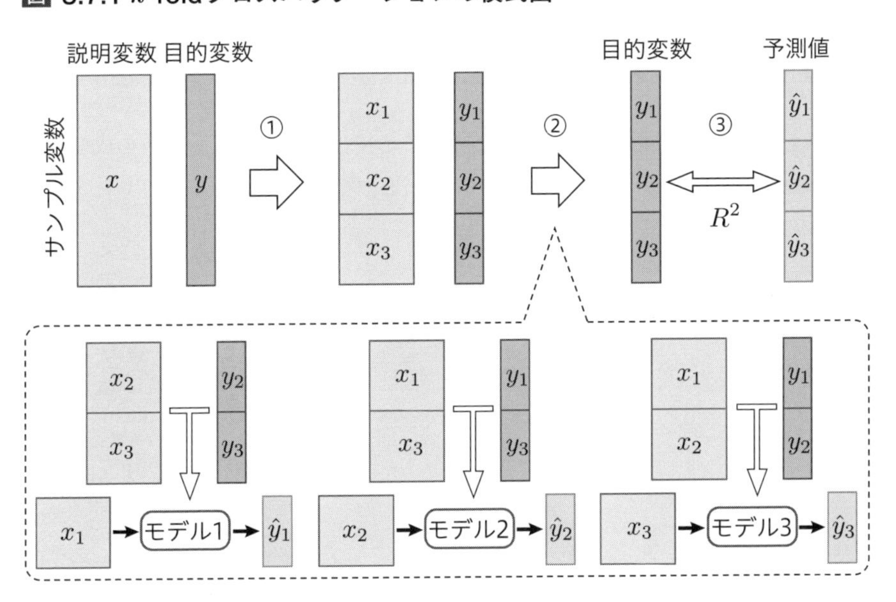

このクロスバリデーションによって，主成分回帰におけるハイパーパラメータをチューニングしてみましょう．このときにグリッドサーチというテクニックを使います．グリッドサーチは，ハイパーパラメータを離散的なグリッドに仮置きし，全グリッドでクロスバリデーションを行って，スコアが最も大きいハイパーパラメータを探索します．今回は主成分分析における成分数だけがハイパーパラメータなので，1次元グリッドに1から30まで1ずつ増加する等差数列を準備して辞書型の変数parmにまとめておきます．

0807.ipynb

```
p1 = numpy.arange(1, 31, 1)
parm = {"pca__n_components": p1}
```

続いてsklearn.model_selection.GridSearchCVクラスを使ってグリッドサーチを行います．今回はcv=3として3-foldクロスバリデーションによりグリッドサーチを行ってみます．

0807.ipynb

```
from sklearn.model_selection import GridSearchCV
search = GridSearchCV(PCR, parm, cv=3).fit(data.values,
data.index)
```

得られた結果を可視化してみましょう．ここでは横軸を主成分分析の成分数とし，縦軸をクロスバリデーションのスコア（決定係数の平均）としてプロットしてみます．

0807.ipynb

```
pyplot.scatter(p1, search.cv_results_["mean_test_score"])
pyplot.show()
```

実行結果

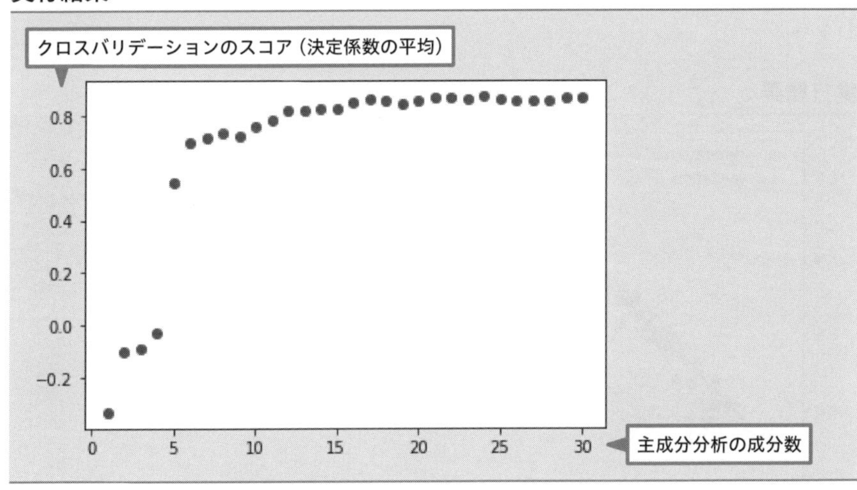

これを見ると，成分数が5のところでスコアが急激に増加し，成分数が17くらいのところでスコアの変化がほとんど見られなくなりました．続いて最適なモデルと，そのときのスコアを見てみましょう．

0807.ipynb

```
print(search.best_estimator_)
print(search.best_score_)
```

実行結果

```
Pipeline(steps=[('pca', PCA(n_components=24)),
                ('linearregression', LinearRegression())])
0.8727…
```

成分数が24のときが最適で，そのときのスコア（決定係数）が0.873であることがわかりました．このときの最適条件でモデリングを行うには次のようにします．

0807.ipynb

```
model = search.best_estimator_.fit(train.values, train.index)
calibration = model.predict(train.values)
validation = model.predict(test.values)
```

得られた結果を142頁で紹介したソースコードに当てはめてプロットしてみましょう.

実行結果

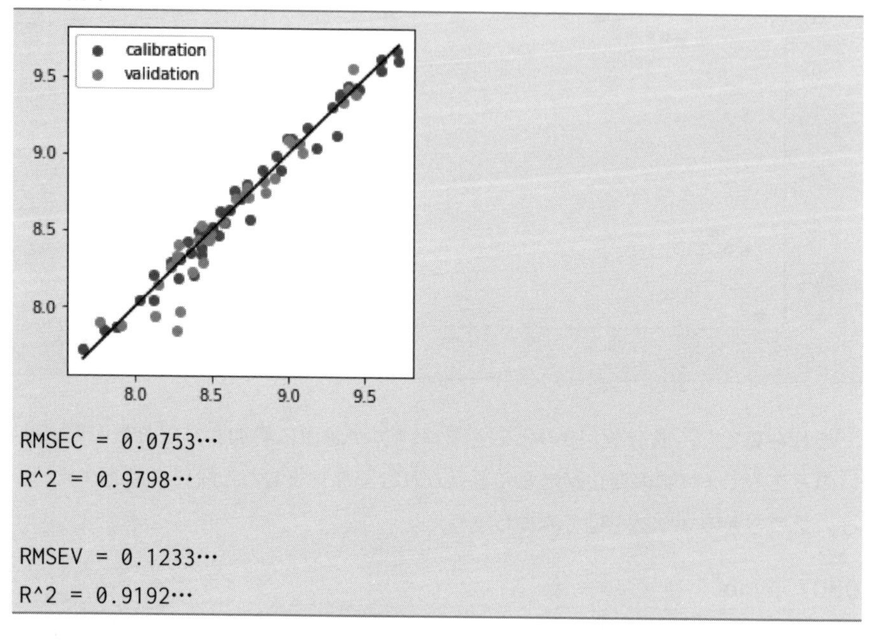

8.8 部分最小二乗(PLS)回帰

ランベルト・ベールの法則が成り立つようなスペクトルデータを使って回帰を行うときに，実際によく選ばれる計算方法は，**部分最小二乗**（**Partial Least Squares, PLS**）**法**です．PCRが，説明変数（機器分析データ）の主成分の分散が最大となるように主成分を選んで，そのスコアと目的変数（教師データ）との対応をMLRにより回帰するのに対し，PLSは，説明変数の主成分と目的変数との共分散が最大となるように主成分を選んで，そのスコアと目的変数との対応をMLRにより回帰します．このときの違いは，PCRでは主成分に説明変数の情報しか使われていないのに対し，PLSでは説明変数の情報と目的変数の情報の両方が使われているということです．これにより，PLSは一般に，PCRよりもノイズの影響を受けにくく，実践的に選ばれる計算方法となっています．

sklearnにはPLS回帰のクラスが準備されており，sklearn.cross_decomposition.PLSRegressionを使って計算することができます．PLS回帰におけるハイパーパラメータは成分数だけです．以下では成分数を2から30の範囲とし，3-foldクロスバリデーションによるグリッドサーチで最適なモデルを探索しています．

0808.ipynb

```
from sklearn.cross_decomposition import PLSRegression
from sklearn.model_selection import GridSearchCV
p1 = numpy.arange(2, 31, 1)
parm = {"n_components": p1}
search = GridSearchCV(PLSRegression(), parm, cv=3
).fit(data.values, data.index)
pyplot.scatter(p1, search.cv_results_["mean_test_score"])
pyplot.show()
print(search.best_estimator_)
print(search.best_score_)
model = search.best_estimator_.fit(train.values, train.index)
calibration = model.predict(train.values)
validation = model.predict(test.values)
```

実行結果

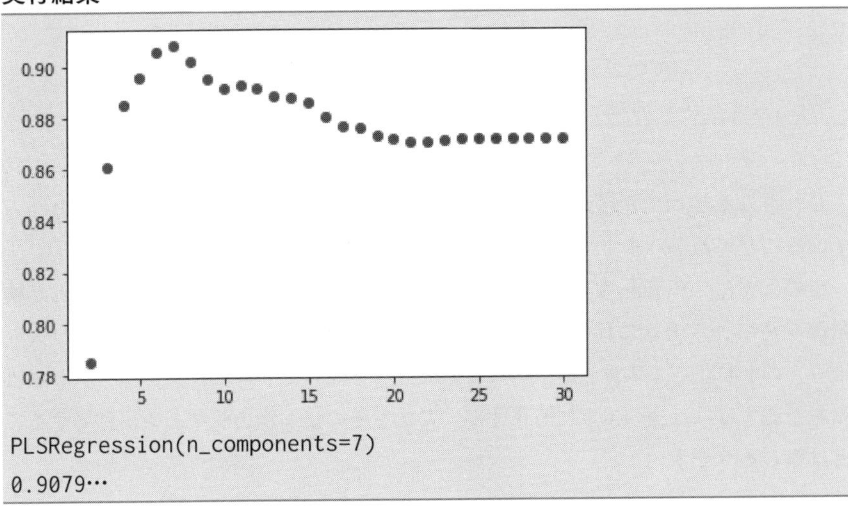


```
PLSRegression(n_components=7)
0.9079…
```

このときの最適な成分数は7で，そのときのスコア（決定係数）は0.908でした．グリッドサーチによるスコアの変化を見ると，成分数が7となるまでは単調にスコアが増加していますが，それ以降は減少しています．これは典型的な過学習の傾向で，PCRのときとは異なり，狭い範囲で最適な成分数を決めることができました．グリッドサーチによってチューニングしたハイパーパラメータを用いてキャリブレーションとバリデーションを行った結果を，142頁で紹介したソースコードに当てはめてプロットしてみます．

実行結果

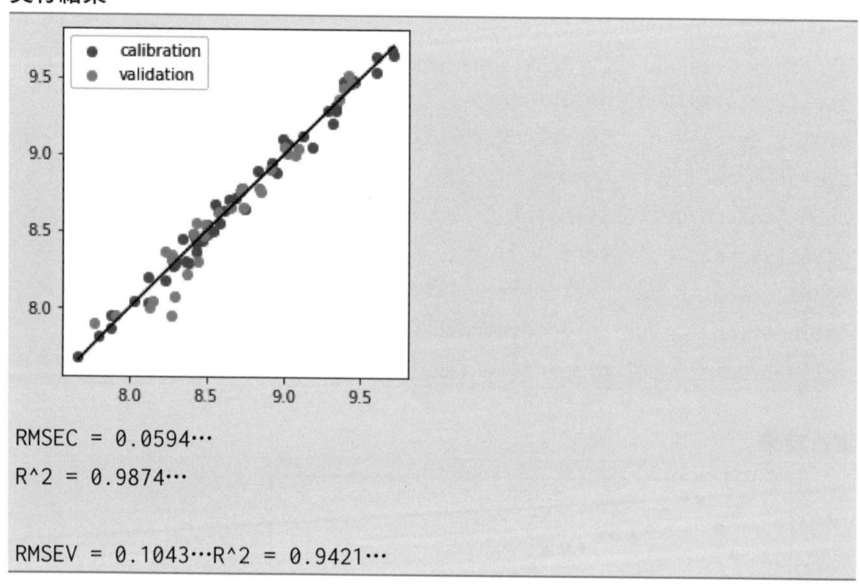

これをみると，PCRと比べて少ない成分数で，良好なバリデーション結果となっていることがわかります．

このように，Pythonを用いてPLS回帰のモデリングを行った後に，得られた検量線を別のシステムに移植するにはどうしたらよいでしょうか．例えば，テストセットの1本目のスペクトルを回帰モデルに当てはめてトウモロコシのタンパク質量を予測するには次のようにしますが，これをそのまま別のシステムに移植することは難しそうです．

0808.ipynb

```
spec = test.iloc[0]
print(model.predict([spec.values])[0][0])
```

実行結果

```
8.7820…
```

そのときは回帰係数を移植してください．回帰係数はmodel.coef_で取り出すことができます．しかし，spec.values @ model.coef_としただけでは正しい予測値を得ることはできません．これは，sklearn.cross_decomposition.PLSRegressionによってデータが事前にオートスケーリングされ，目的変数もセンタリングされているからです．それらを元に戻すために，model._x_mean，model._x_std，model._y_meanの値をそれぞれ取り出しておいて，次のようにして予測値を計算してください．

0808.ipynb（上記のコードセルの3行目）

```
print(((spec.values - model._x_mean) / model._x_std @ model.coef_
+ model._y_mean)[0])
```

実行結果

```
8.7820…
```

確認のためにpyplot.plot(data.columns, model.coef_)によって回帰係数をプロットしてみましょう．

0808.ipynb

```
pyplot.plot(data.columns, model.coef_)
pyplot.show()
```

実行結果

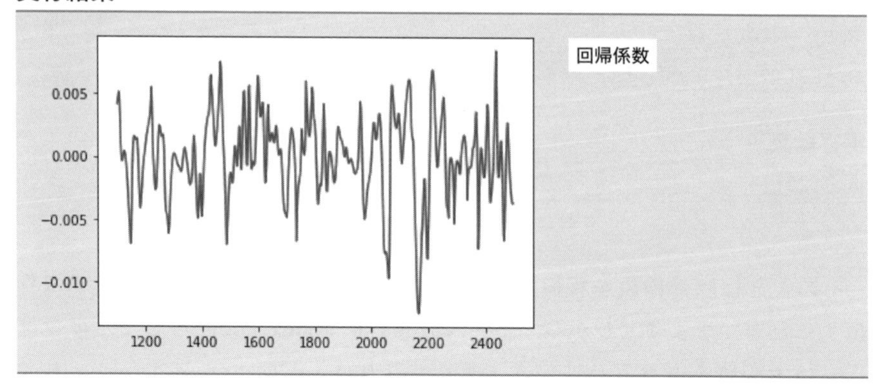

検量線を最適化するグリッドサーチには多少の計算時間が必要ですが，現場で測定スペクトルから予測値を得るときは，スペクトルにこの回帰係数を掛けてオートスケーリングの逆演算をするだけなので，計算負荷は小さく，瞬時に結果を得ることができます．

8.9 サポートベクターマシン（SVM）回帰

ここまで，単一波長で記述されたランベルト・ベールの法則を多波長に拡張して，多変量で回帰を行う計算を紹介してきました．次に，ランベルト・ベールの法則が成り立たない非線形な信号でも回帰が可能な方法を紹介します．例えば蛍光分光では，蛍光色素が高濃度になると消光が起こり，蛍光発光強度が濃度に対して比例しなくなります．このような場合はランベルト・ベールの法則が成り立ちませんから，非線形なモデルでスペクトルと濃度の関係を学習させなければなりません．機械学習の分野ではそのような回帰に**サポートベクターマシーン**（**Support Vector Machine，SVM**）や**ランダムフォレスト**（**Random Forest，RF**）といった計算方法が用いられますが，ここではSVMによる回帰をしてみたいと思います．

まず，濃度cに対して信号強度yintが非線形になるように，ここでは次のような指数関数を使ってみます．

0809.ipynb

```
c = numpy.arange(0, 1.01, 0.01)
yint = 1 - 1 * numpy.exp(-2 * c)
pyplot.scatter(c, yint)
pyplot.show()
```

実行結果

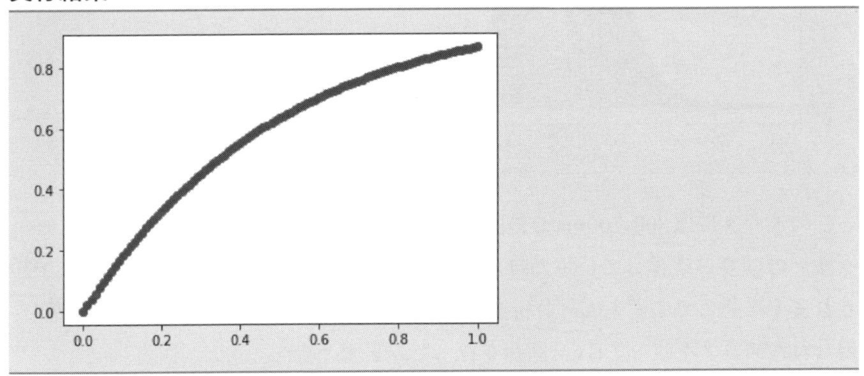

波長500nmでの発光強度がこのように濃度に対して非線形となるように，ガウスピーク波形を生成し，1%のノイズを加えておきましょう．次のデータを使ってSVMによる回帰を行ってみます．

0809.ipynb

```
x = numpy.arange(300, 705, 5)
y = numpy.exp(-4 * numpy.log(2) * (x - 500) ** 2 / 100 ** 2)
a = numpy.array([yint]).T * y
a += numpy.random.rand(*numpy.shape(a)) * 0.01
data = pandas.DataFrame(a, index=c, columns=x)
data.T.plot(legend=None)
```

実行結果

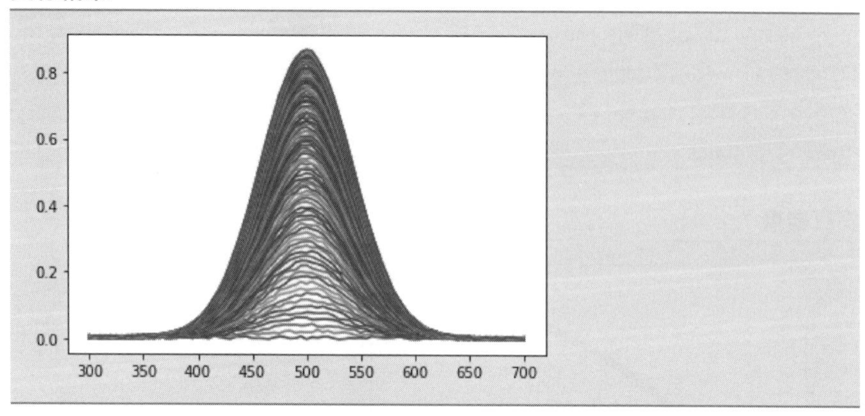

このデータには300-700nmの範囲に81個の説明変数がありますが，ガウスピーク波形の強度が変化しているだけなので，多重共線性の影響を受けることが予想されます．そこでまず主成分分析を行って81次元のデータを2次元に次元削減し，得られたスコアを使ってSVM回帰を行ってみます．

0809.ipynb

```
from sklearn.decomposition import PCA
pca = PCA(n_components=2).fit(data.values)
score = pca.transform(data.values)
```

SVMによる回帰はsklearn.svm.SVRクラスを使います．このクラスにはいくつかのカーネルが準備されていますが，ここではガウシアンカーネルを選んでSVR(kernel="rbf")としています．このときのハイパーパラメータはC，ε，γの3つです．これらのハイパーパラメータは成分数のような整数ではありません．幅広い範囲をとり得ますから，numpy.arange関数によって等間隔のグリッドを生成せずに，numpy.logspace関数を使って対数スケールのグリッドを生成したいと思います．例えばnumpy.logspace(0, 2, 3)を実行すると，10^0から10^2まで，対数スケールで等間隔となる3個の要素10^0，10^1，10^2を生成します．

0809.ipynb

```
from sklearn.svm import SVR
grid = 10
```

```
p1 = numpy.logspace(1, 3, num=grid)
p2 = numpy.logspace(-4, -2, num=grid)
p3 = numpy.logspace(-2, 0, num=grid)
parm = {"C": p1, "epsilon": p2, "gamma": p3}
from sklearn.model_selection import GridSearchCV
search = GridSearchCV(SVR(kernel="rbf"), parm, cv=3).fit(score, c)
print(search.best_estimator_, search.best_score_)
svr = search.best_estimator_.fit(score, c)
```

実行結果

```
SVR(C=129.1549…, epsilon=0.0002…,
    gamma=0.1291…) 0.9164…
```


グリッドサーチによってチューニングしたハイパーパラメータを使って，横軸に実際の濃度，縦軸にスペクトルから予測される濃度をプロットしてみましょう．

0809.ipynb

```
pyplot.figure(figsize=(4, 4))
pyplot.scatter(c, svr.predict(pca.transform(data.values)))
pyplot.plot(c, c, c="black")
pyplot.show()
```

実行結果

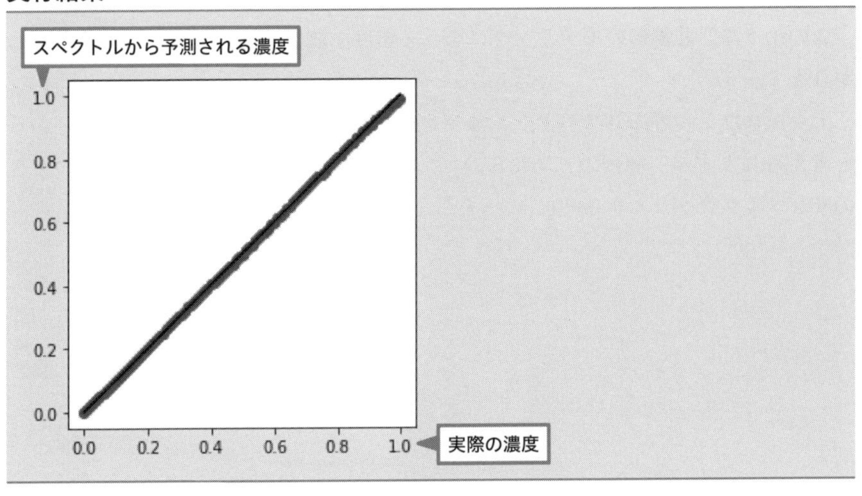

信号強度は濃度に対して非線形としましたが，その信号強度を使って予測される濃度は直線になっています．確認のために，横軸をスペクトルから予測される濃度，縦軸をスペクトルの信号強度としてプロットしてみます．

0809.ipynb

```
pyplot.scatter(svr.predict(pca.transform(data.values)), yint)
pyplot.plot(c, yint, c="black")
pyplot.show()
```

実行結果

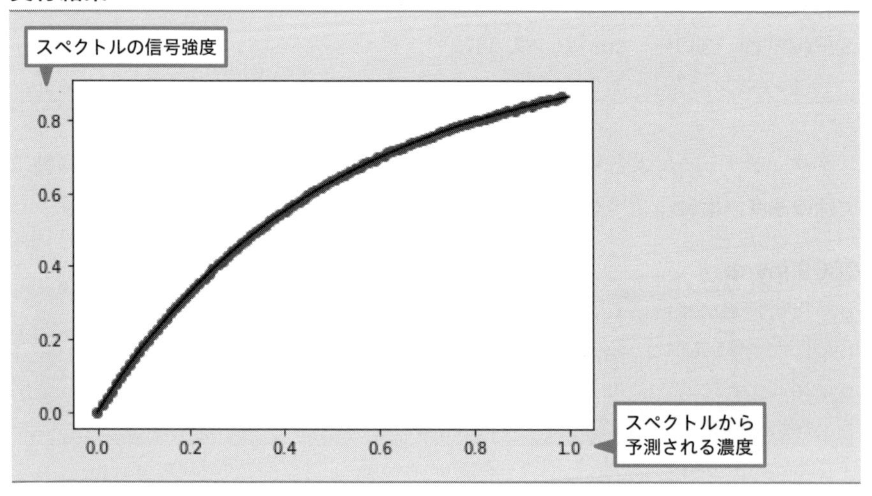

このように，非線形のモデリングによって濃度予測が適切に行えていることがわかります．

トウモロコシの近赤外スペクトルはランベルト・ベールの法則が成り立っていると考えられますが，練習のためにSVMによる回帰も行ってみましょう．このときのサンプルプログラムを0809s.ipynbとして準備しました．

実行結果

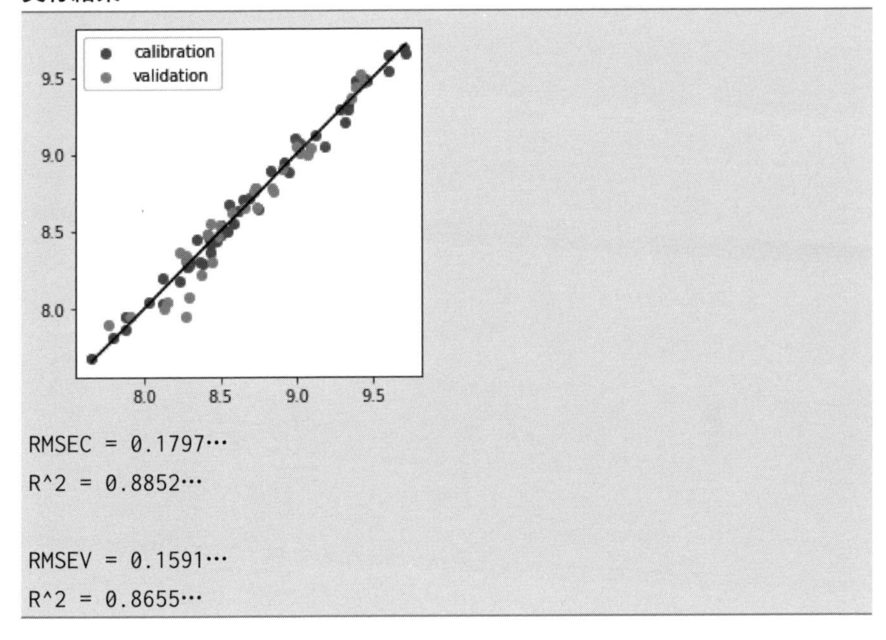
calibration
validation
9.5
9.0
8.5
8.0
8.0
8.5
9.0
9.5
RMSEC = 0.1797…
R^2 = 0.8852…
RMSEV = 0.1591…
R^2 = 0.8655…

9 クラス分類

分析化学では定性分析と定量分析が扱われます．定性分析を機器分析で行う際に，対象物の信号が夾雑物の信号と明確に分離できるときは，ブランク試料のデータを適切な回数だけ測定して平均$\bar{x}$と標準偏差uを求め，未知試料の信号強度が$\bar{x}+3u$以上あるときは信頼度99.7％で対象物が含まれていると判断します．

本章ではそのような定性分析を多変量データで行うためのツールとして**クラス分類**を紹介します．これまでに紹介した次元削減とクラスタリングが教師なし学習であるのに対し，前章で紹介した回帰と本章で紹介するクラス分類は教師あり学習です．クラスタリングとクラス分類はサンプルを分けるという点で似ていますが，クラスタリングは事前に分け方を指定しない教師なし学習であるのに対し，クラス分類はそれを指定して学習させる教師あり学習である点が異なります．

回帰のところでは，産業応用の例として選果場での糖度分析を紹介しましたが，クラス分類も機器分析の実装に用いられています．例えば品質管理において，商品として出荷できる良品か，そうではない不良品かを判別する2分類，あるいは良品か不良品かを判別できないグレーゾーンを追加した3分類が使われています．また，廃プラスチックのリサイクルにおける種類の分類，医療診断における疾患の分類などにも応用されています．

本章では第7章で用いた植物油の液体クロマトグラムのデータを使ってクラス分類を行ってみます．まずは第7章と同じようにデータを読み込んでおきましょう．

0900.ipynb

```
filename = "data4.csv"
data = pandas.read_csv(filename, header=0, index_col=0).T
filename = "prop4.csv"
```

```
prop = pandas.read_csv(filename, header=None, index_col=0
).squeeze()
data.index = prop.values
data.T.plot(legend=None)
pyplot.show()
print(data.index.value_counts())
```

実行結果

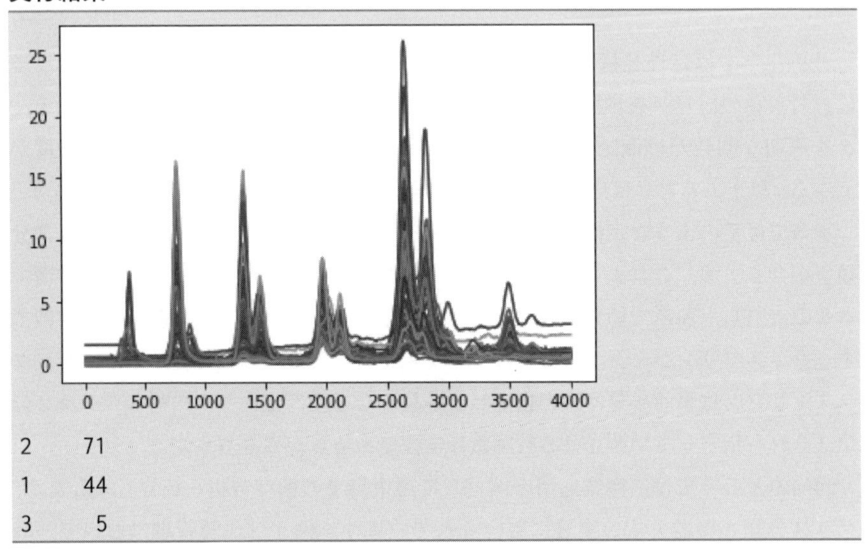


```
2    71
1    44
3     5
```

data.indexの値が1, 2, 3のとき，それぞれのサンプルはオリーブオイル以外（44サンプル），オリーブオイル（71サンプル），オリーブ混合オイル（5サンプル）でした．

9.1 アウトライヤー除去

読み込んだクロマトグラムをプロットしてみると，いくつかのデータでベースラインが大きく浮いており，測定に失敗したと思われるものが含まれていそうです．そのような**アウトライヤー**（**外れ値**）をデータから除去するのに機械学習を用いてみましょう．このような多変量データでアウトライヤー除去を行う方法としてRandom Forest（RF）を応用したIsolation ForestやSupport Vector Machine（SVM）を応用したone-class SVMが知られており，Pythonの機械学習ライブラリであるsklearnにはどちらも含まれています．ここではsklearn.ensemble.IsolationForestクラスを使ってIsolation Forestによりアウトライヤー除去を行ってみましょう．今回はcontamination=0.05を指定して，全サンプルのうち5%を外れ値として除外してみます．外れ値はpredictの値が－1で出力され，それ以外はpredictの値が1で出力されます．

0901.ipynb

```
from sklearn.ensemble import IsolationForest
model = IsolationForest(contamination=0.05).fit(data.values)
data[model.predict(data.values) == -1].T.plot(legend=None)
data[model.predict(data.values) == 1].T.plot(legend=None)
pyplot.show()
print(data[model.predict(data.values) == 1].index.value_counts())
data = data[model.predict(data.values) == 1]
```

実行結果

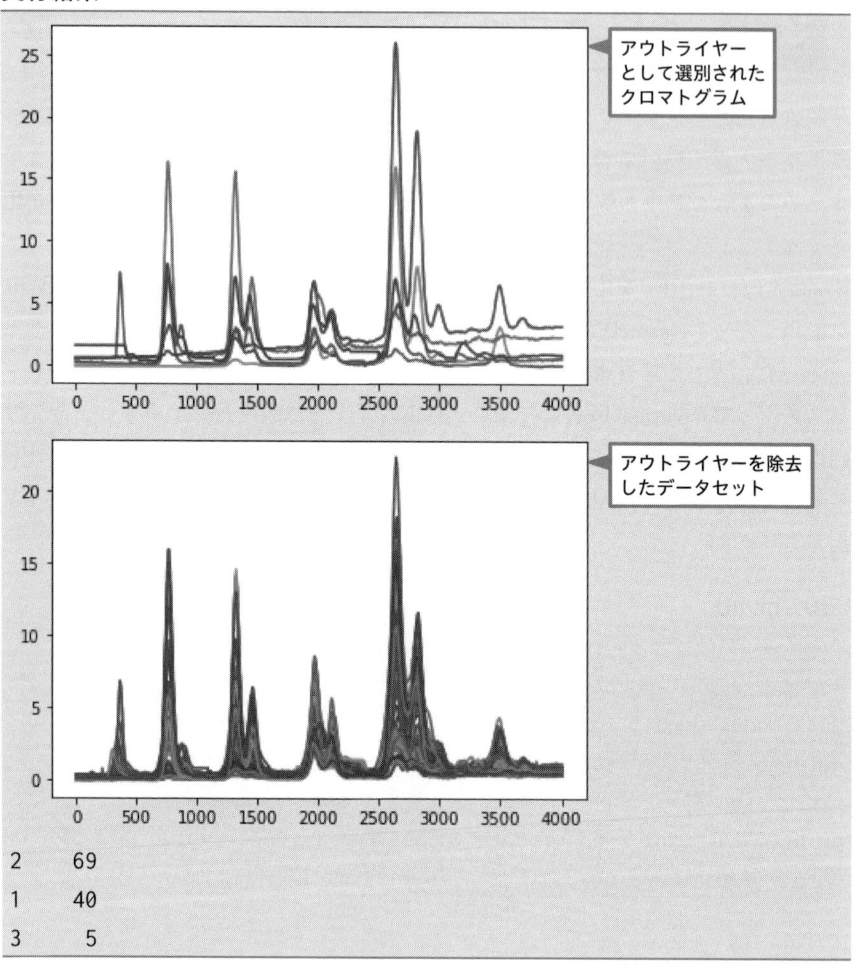

これにより，極端にベースラインが浮いているクロマトグラムを除去することができました．

9.2 線形判別分析（LDA）

ここでは**線形判別分析（Linear Discriminant Analysis）**によってクラス分類を行ってみます．クラス分類は教師あり学習ですから，回帰のときと同様に，全データをトレーニングデータとテストデータに分けておきましょう．このとき，目的変数（植物油の種類）に偏りがあれば，回帰のときと同様にrandom_stateの値を変えておきます．

0902.ipynb

```
from sklearn.model_selection import train_test_split
train, test = train_test_split(data, train_size=0.6, random_
state=1)
print("training data")
print(train.index.value_counts())
print("\ntest data")
print(test.index.value_counts())
```

実行結果

```
training data
2    40
1    25
3     3
dtype :int64

test data
2    29
1    15
3     2
dtype :int64
```

線形判別分析をPythonで行うにはsklearn.discriminant_analysis.LinearDiscriminantAnalysisクラスを使います．教師あり学習ですから，fitメソッドの引数にトレーニングデータの説明変数train.valuesとその目的変数train.indexを入れてモデリングをします．

0902.ipynb（※LinearDiscriminantAnalysisは行を分けないでください）

```
from sklearn.discriminant_analysis import LinearDiscriminantAnalys
is
model = LinearDiscriminantAnalysis().fit(train.values,
train.index)
```

ここで得られたモデルにトレーニングデータの1本目のクロマトグラムを当てはめて植物油の種類を予測してみましょう．植物油の種類は，「表7.1 data.indexに書き込まれた植物油の種類」にあります．

0902.ipynb

```
i = 0
print("prediction =", model.predict([test.iloc[i]])[0])
print("correct =",test.index[i])
```

実行結果

```
prediction = 2
correct = 2
```

線形判別分析によって予測した植物油の種類はオリーブオイルであり，教師データと一致していることを確認できました．

ここで線形判別分析について，主成分分析と比較しながら説明したいと思います．図9.2.1に示すように，説明変数が2個であるデータに赤のクラスと青のクラスがあるときを考えます．主成分分析は教師なし学習で，赤のクラスも青のクラスも区別せず，全データの分散が最大となるような主成分軸が選ばれ，その軸に射影した座標によってスコアが求められます．これに対して線形判別分析では，赤のクラスと青のクラスのそれぞれで，クラス内の分散が最小となり，かつ，クラス間の距離が最大となるような軸を選び，その軸に射影した座標によってスコアを求めます．図9.2.1をみると，主成分分析では第1主成分のスコアによって赤と青のクラスを分類できそうにありません．それに対して線形判別分析では，スコアによってクラス分類ができるように軸が選ばれているのがわかります．

図 9.2.1 主成分分析（PCA）と線形判別分析（LDA）の比較

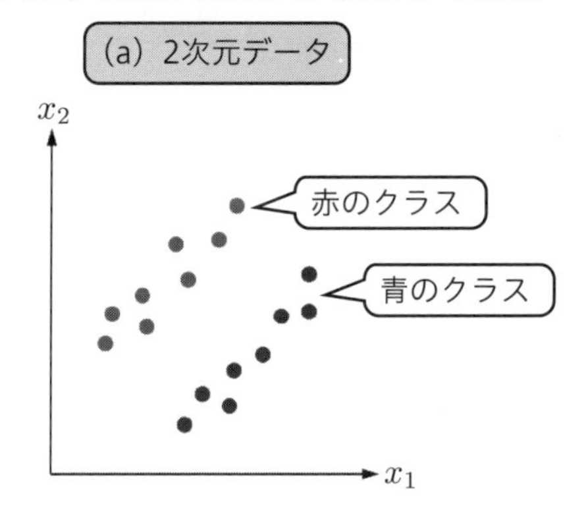

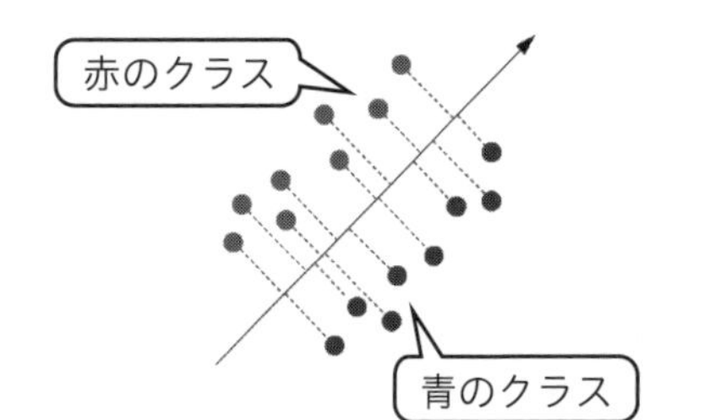

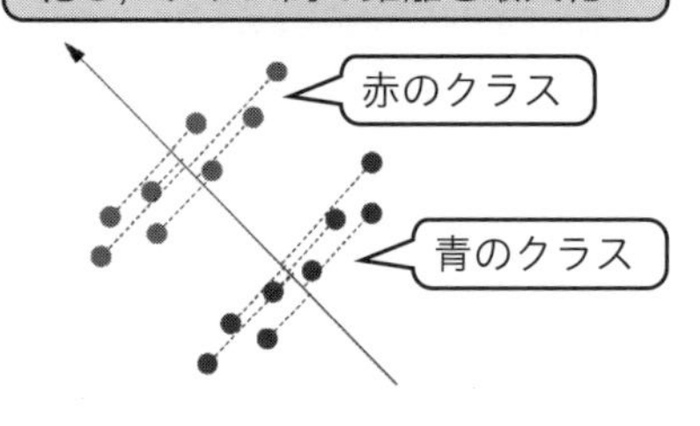

このように線形判別分析は，多次元空間で新たな軸を探索するので，次元削減の一種と考えることもできます．今回は4001次元のデータを2次元に次元削減して3つのクラスにクラス分類を行っています．線形判別分析によって次元削減を行った後のスコア-スコアプロットを確認してみましょう．

0902.ipynb

```
pyplot.scatter(model.transform(train.values)[:,0],
model.transform(train.values)[:,1], c=train.index)
pyplot.show()
```

実行結果

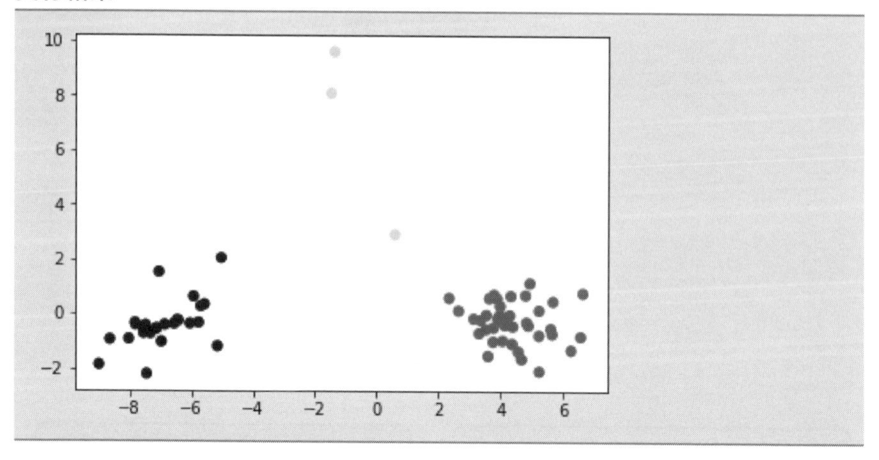

6.3節で示した主成分分析によるスコア-スコアプロットと比較して，線形判別分析によるスコア-スコアプロットの方が，3つのクラスの分離がよいことがわかります．

9.3 クラス分類の評価

回帰ではRMSEや決定係数によってモデルの評価を行いましたが，ここではクラス分類におけるモデルの評価の方法を説明します．クラス分類では，まず，混同行列によって結果を確認します．

0903.ipynb

```
from sklearn.metrics import confusion_matrix
print("calibration")
print(pandas.DataFrame(confusion_matrix(train.index,
model.predict(train.values))))
print("\nvaridation")
print(pandas.DataFrame(confusion_matrix(test.index,
model.predict(test.values))))
```

実行結果

```
calibration
    0   1  2
0  25   0  0
1   0  40  0
2   0   0  3

varidation
    0   1  2
0  13   1  1
1   0  29  0
2   1   0  1
```


sklearn.metrics.confusion_matrixクラスの出力について，表9.3.1を使って説明します．この混同行列で，第1行は実際にオリーブオイル以外のサンプルをモデルに当てはめたときの結果がまとめられており，そのうち，オリーブオイル以外と予測した正解が13サンプル，オリーブオイルと予測した不正解が1サンプル，オリーブ混合オイルと予測した不正解が1サンプルと読み取ることができます．混同行列で，目的変数（教師）のクラスと予測のクラスが同じで正解だった場合は対角線上にならび，対角線上にないものは不正解です．キャリブレーションにおける混同行列をみると，全てのサンプルが対角線上にあり，不正解だったサンプルがないことがわかります．バリデーションでは3サンプルの不正解がありますが，少なくともオリーブオイルのクロマトグラムは全てオリーブオイルと予測できていることがわかります．

表 9.3.1　バリデーションにおける混同行列

		予測		
		0（オリーブ以外）	1（オリーブ）	2（混合）
教師	0（オリーブ以外）	13	1	1
	1（オリーブ）	0	29	0
	2（混合）	1	0	1

次に，以下を実行してみてください．

0903.ipynb

```
from sklearn.metrics import classification_report
print("calibration")
print(classification_report(train.index, model.predict(
train.values)))
print("\nvaridation")
print(classification_report(test.index, model.predict(
test.values)))
```

実行結果

```
calibration
              precision    recall  f1-score   support

           1       1.00      1.00      1.00        25
           2       1.00      1.00      1.00        40
           3       1.00      1.00      1.00         3

    accuracy                           1.00        68
   macro avg       1.00      1.00      1.00        68
weighted avg       1.00      1.00      1.00        68


varidation
              precision    recall  f1-score   support

           1       0.93      0.87      0.90        15
           2       0.97      1.00      0.98        29
           3       0.50      0.50      0.50         2

    accuracy                           0.93        46
   macro avg       0.80      0.79      0.79        46
weighted avg       0.93      0.93      0.93        46
```

このように，sklearn.metrics import classification_report関数を使うと，適合率(precision)，再現率(recall)，f1スコア，正解率(accuracy)，マクロ平均，重み付き平均といったクラス分類における評価指標をまとめて表示してくれます．それぞれの評価指標について，表9.3.1を表9.3.2のように，オリーブオイルであるかどうかの2クラスにまとめ直した値で説明します．

表 9.3.1 オリーブオイルかどうかのクラス分類の結果

		予測	
		Positive	Negative
教師	Positive	True Positive (TP) = 29	False Negative (FN) = 0
	Negative	False Positive (FP) = 1	True Negative (TN) = 16

まず，オリーブオイルであったときをPositive，そうでなかったときをNegativeとします．混同行列の対角線上は正解なので，それをTrueとします．実際にオリーブオイルであり，予測もオリーブオイルであると正しく予測できたときはTrue Positive (TP)，実際にオリーブオイルではなく，予測もオリーブオイルではないと正しく予測できたときはTrue Negative (TN) です．次に対角線上にない不正解をFalseとします．実際はオリーブオイルなのにオリーブオイルではないと間違って予測したものをFalse Negative (FN)，実際はオリーブオイルではないのにオリーブオイルであると間違って予測したものをFalse Positive (FP) とします．これらを使ってクラス分類の評価指標を次のように定義します．

$$\text{適合率 : precision} = \frac{\mathrm{TP}}{\mathrm{TP} + \mathrm{FP}}$$

$$\text{再現率 : recall} = \frac{\mathrm{TP}}{\mathrm{TP} + \mathrm{FN}}$$

$$\text{f1 スコア : f1-score} = \frac{2 \times \text{precision} \times \text{recall}}{\text{precision} + \text{recall}}$$

$$\text{正解率 : accuracy} = \frac{\mathrm{TP} + \mathrm{TN}}{\mathrm{TP} + \mathrm{FP} + \mathrm{TN} + \mathrm{FN}}$$

supportはそれぞれのサンプルサイズ，macro avgとweighted avgは各列の値をx_i，各列のサンプルサイズをn_i，分類したクラスの数をNとすると，

$$\mathrm{macro\,avg} = \frac{1}{N}\sum_i x_i$$

$$\mathrm{weighted\,avg} = \sum_i n_i x_i \bigg/ \sum_i n_i$$

です．オリーブオイルであるかどうかのバリデーションの結果は，適合率が100％で再現率が97％となりました．

では，このようなクラス分類のモデルを最適化するときに，適合率と再現率のどちらを指標とすればよいでしょうか？ 例えば大がかりな治療が必要な疾患があるかどうかを判断するときには，FP，すなわち疾患がないのに治療が必要と判断する間違いを防がなければならず，適合率が適切な指標といえるでしょう．また，感染力が高いウイルスに感染しているかどうかを判断する場合は，FN，すなわち感染しているのに感染していないと判断する間違いを防がなければならず，再現率が適切な指標となります．

本節では線形判別分析によるクラス分類の方法を説明しました．線形判別分析でうまくクラス分類ができないときは，SVMなどの非線形なモデルでクラス分類をすることになります．そのときにはハイパーパラメータのチューニングが必要となりますが，回帰のところで説明したパイプラインとグリッドサーチを使いこなして，よりロバストなモデルを構築してください．

10 フィッティング

さまざまな信号が重なった機器分析データを成分ごとに分離するのにフィッティングは有効な解析手法です．スペクトルでもクロマトグラムでも，重なったピークを分離するのにフィッティングを行ったことがある人は多いと思います．あるいは時間分解蛍光や動的光散乱のデータを解析する際に，緩和関数でフィッティングをしたことがある人もいるでしょう．本章では線形最小二乗法と非線形最小二乗法に分けてフィッティングの説明をした後に，多変量データでスペクトル分解を行うMCRについて説明します．

10.1 線形最小二乗法

サンプルサイズがnである2次元データ(x_i, y_i)を$\boldsymbol{m}$次の多項式

$$y = \sum_{k=0}^{m} a_k x^k$$

でフィッティングすることを考えてみましょう．まず，2次の多項式$y = ax^2 + bx + c$で考えてみます．データとフィッティング関数との誤差を最小にするには

$$J(a, b, c) = \sum_{i=1}^{n} (y_i - (ax_i^2 + bx_i + c))^2$$

を最小にすればよいので，次の連立方程式を解いてみます．

$$
\begin{cases}
\dfrac{\partial J}{\partial a} = 0 \\[2ex]
\dfrac{\partial J}{\partial b} = 0 \\[2ex]
\dfrac{\partial J}{\partial c} = 0
\end{cases}
\Leftrightarrow
\begin{cases}
a\sum x_i^4 + b\sum x_i^3 + c\sum x_i^2 - \sum x_i^2 y_i = 0 \\[2ex]
a\sum x_i^3 + b\sum x_i^2 + c\sum x_i - \sum x_i y_i = 0 \\[2ex]
a\sum x_i^2 + b\sum x_i + cn - \sum y_i = 0
\end{cases}
$$

これを行列で表してみましょう．

$$
\begin{pmatrix}
\sum x_i^4 & \sum x_i^3 & \sum x_i^2 \\
\sum x_i^3 & \sum x_i^2 & \sum x_i \\
\sum x_i^2 & \sum x_i & n
\end{pmatrix}
\begin{pmatrix} a \\ b \\ c \end{pmatrix}
=
\begin{pmatrix} \sum x_i^2 y_i \\ \sum x_i y_i \\ \sum y_i \end{pmatrix}
$$

$$
\Leftrightarrow
\begin{pmatrix} a \\ b \\ c \end{pmatrix}
=
\begin{pmatrix}
\sum x_i^4 & \sum x_i^3 & \sum x_i^2 \\
\sum x_i^3 & \sum x_i^2 & \sum x_i \\
\sum x_i^2 & \sum x_i & n
\end{pmatrix}^{-1}
\begin{pmatrix} \sum x_i^2 y_i \\ \sum x_i y_i \\ \sum y_i \end{pmatrix}
$$

このように，2次の多項式でフィッティングをするときのフィッティングパラメータa, b, cは，代数的に方程式を立てて解くことができます．同様に$\boldsymbol{m}$次の多項式でフィッティングを行うときのフィッティングパラメータも代数的に解くことができます．多項式のようにフィッティングパラメータが線形結合となっている場合，フィッティングパラメータを代数的に解くことができ，それによってフィッティングを行う方法を線形最小二乗法といいます．ここで示したように，2次の多項式でフィッティングを行うときも**線形最小二乗法**を使うことができるので，線形最小二乗法は1次の多項式$y = ax + b$でフィッティングを行う線形回帰に限定するものではありません．また，多項式のようにフィッティングパラメータが線形結合となっている場合は，線形最小二乗法でも，次節で説明する非線形最小二乗法でもフィッティングを行うことができますが，そのときの手順が異なるので注意してください．線形最小二乗法ではフィッティングパラメータが代数的に一意に決まるので，フィッティングパラメータの初期値を準備する必要はありません．

それでは線形最小二乗法によるフィッティングのプログラミングをしてみましょう．ここでは2次の多項式でフィッティングを行ってみます．

1001.ipynb

```
def poly(x, a, b, c):
    y = a * x ** 2 + b * x + c
    return y
```

モデルデータとして2次の多項式にノイズを加えておきます.

1001.ipynb

```
x = numpy.arange(0, 5, 0.1)
y = poly(x, 2, -8, 10) + numpy.random.normal(loc=0, scale=1,
size=len(x))
pyplot.scatter(x, y)
pyplot.show()
```


実行結果

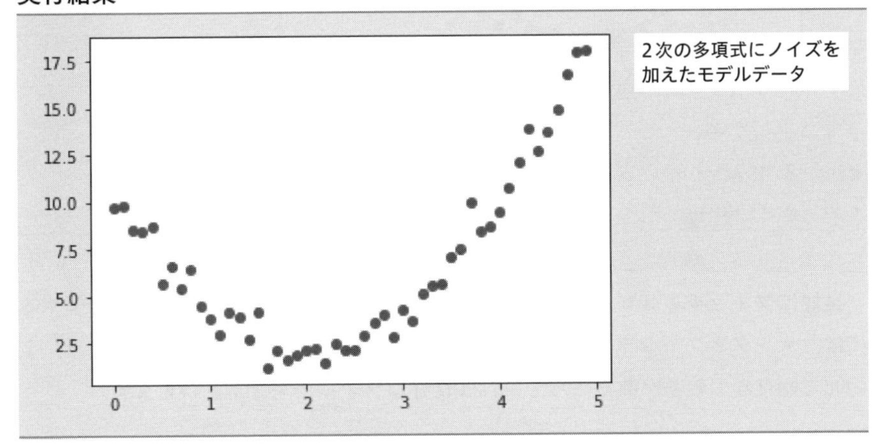

これを線形最小二乗法で多項式にフィットさせるにはnumpy.polyfit関数を使います. 3つめの引数は多項式の次数で, ここでは2を指定します.

1001.ipynb

```
p = numpy.polyfit(x, y, 2)
fit = poly(x, p[0], p[1], p[2])
pyplot.scatter(x, y)
```

```
pyplot.plot(x, fit, c="red")
pyplot.show()
print("a =", p[0])
print("b =", p[1])
print("c =", p[2])
```

実行結果

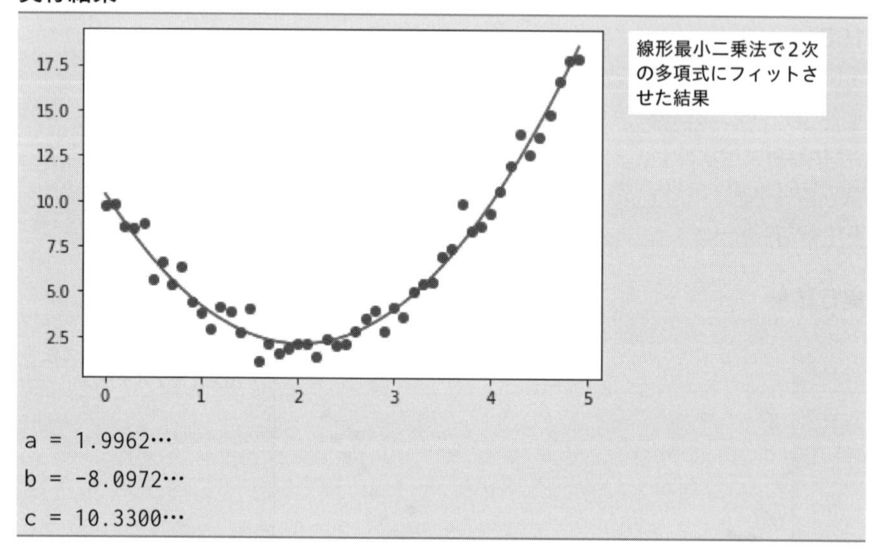


```
a = 1.9962…
b = -8.0972…
c = 10.3300…
```

良好にフィッティングができているようです．フィッティングの結果を評価するには，データとフィッティング関数との差をプロットしてみるとよいでしょう．全範囲で偏りなく残差が散らばっていれば良好なフィッティングといえます．

1001.ipynb

```
pyplot.scatter(x, y-fit)
pyplot.plot(x, x*0, c="red")
pyplot.show()
```

実行結果

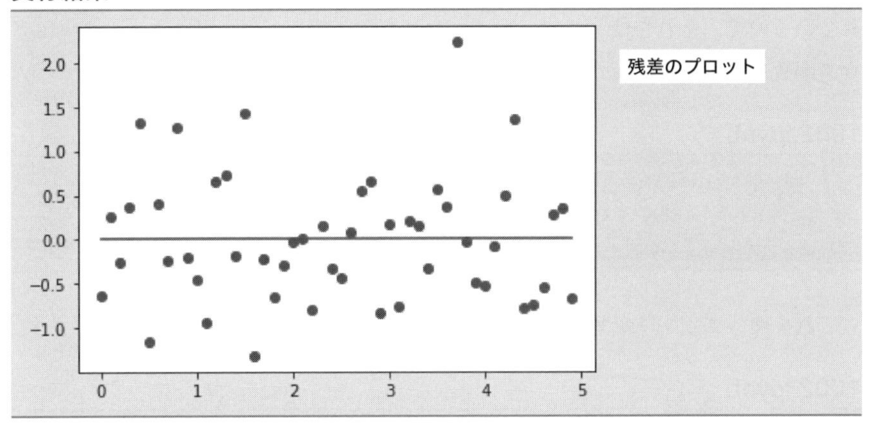

また，決定係数も確認しておくとよいでしょう．

1001.ipynb

```
R2 = numpy.corrcoef(y, fit)[0, 1] ** 2
print("R^2 =", R2)
```

実行結果

```
R^2 = 0.9750…
```


10.2 非線形最小二乗法

前節ではフィッティングパラメータが線形結合となっている関数を線形最小二乗法によってフィッティングしましたが，例えばガウス関数

$$y(x) = A\exp\left(-4\ln 2\frac{(x-\mu)^2}{w^2}\right)$$

はAだけが線形結合となっており，μとwは非線形結合なので，線形最小二乗法ではフィッティングができません．そのようなときは非線形最小二乗法を用います．本書では詳しい説明はしませんが，PythonではLevenberg-Marquardtによって非

線形最小二乗法によるフィッティングを行うscipy.optimize.curve_fit関数が準備されているので，それを使ってフィッティングを行ってみたいと思います．まずはガウス関数を準備しましょう．

1002.ipynb

```
def gauss(x, a, c, w):
    y = a * numpy.exp(-4 * numpy.log(2) * (x - c) ** 2 / w ** 2)
    return y
```

これを使って2つのガウスピークと直線のベースラインを加えた関数を作ります．

1002.ipynb

```
def fitfunc(x, a1, c1, w1, a2, c2, w2, a, b):
    y1 = gauss(x, a1, c1, w1)
    y2 = gauss(x, a2, c2, w2)
    y3 = a * x + b
    y = y1 + y2 + y3
    return y
```

フィッティングを行うデータにはノイズを加えておきます．

1002.ipynb

```
a1, c1, w1 = 1, 450, 100
a2, c2, w2 =  0.5, 550, 100
a, b = 0.0002, -0.02
numpy.random.seed(0)
x = numpy.arange(300, 705, 5)
y = fitfunc(x, a1, c1, w1, a2, c2, w2, a, b) + 
numpy.random.normal(loc=0, scale=0.02, size=len(x))
pyplot.scatter(x, y)
pyplot.show()
```

実行結果

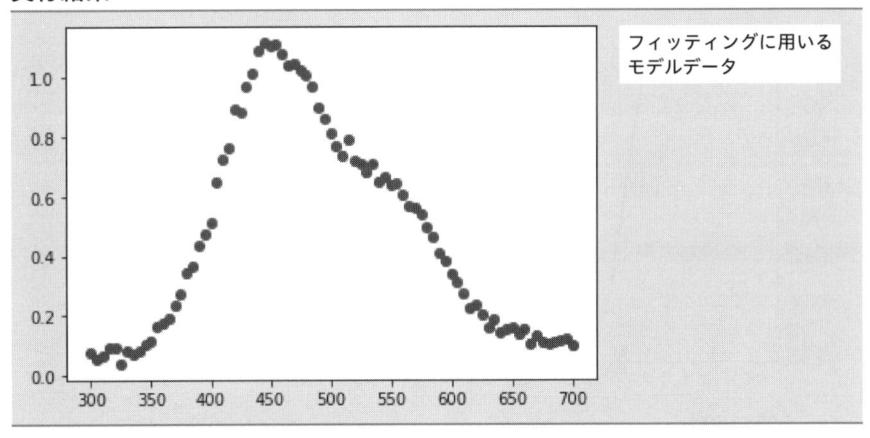

このような複数のピークが重なっているときは正味の信号強度を算出するのに丁寧な解析が必要となります．まずは2次微分によっておよそのピーク位置を推測してみましょう．

1002.ipynb

```
from scipy.signal import savgol_filter
buff = y
buff = savgol_filter(buff, 9, 2, 0)
buff = savgol_filter(buff, 9, 2, 1)
buff = savgol_filter(buff, 9, 2, 0)
buff = savgol_filter(buff, 9, 2, 1)
pyplot.plot(x, buff)
from scipy.signal import find_peaks
peakindex = find_peaks(-buff)[0]
pyplot.scatter(x[peakindex], buff[peakindex], c="red")
pyplot.show()
print(x[peakindex])
```

実行結果

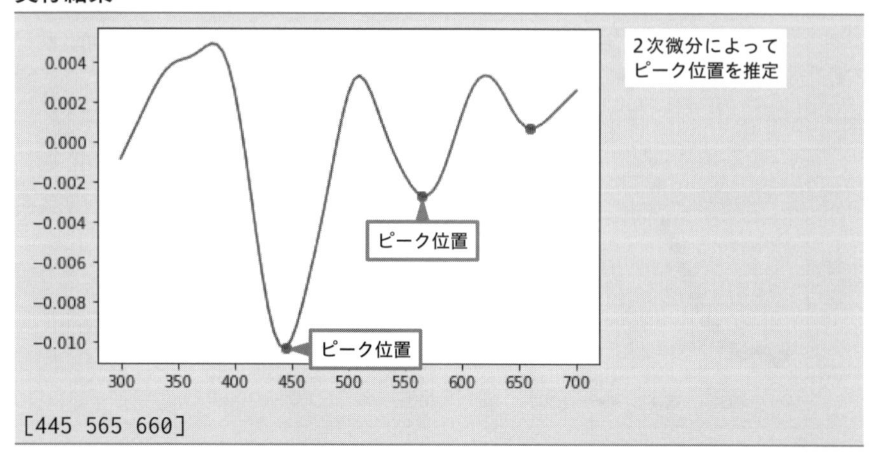


```
[445 565 660]
```

次にフィッティングの初期値として，ピーク位置を2次微分の結果から455と565とし，そのときの信号強度をひとまず455と565におけるデータ点とします．ベースラインとしては0.1くらいの強度でしょうか．まずはこれくらいの値で計算値がデータ点に近いかを確認しておきます．

1002.ipynb

```
c1, c2 = 455, 565
a1, a2 = y[x==c1][0], y[x==c2][0]
w1, w2 = 90, 90
a, b = 0, 0.1
pini = [a1, c1, w1, a2, c2, w2, a, b]
p1 = gauss(x, a1, c1, w1)
p2 = gauss(x, a2, c2, w2)
p3 = a * x + b
fit = fitfunc(x, a1, c1, w1, a2, c2, w2, a, b)
pyplot.scatter(x, y)
pyplot.plot(x, fit, c="red")
pyplot.plot(x, p1, c="green")
pyplot.plot(x, p2, c="green")
pyplot.plot(x, p3, c="green")
pyplot.show()
```

実行結果

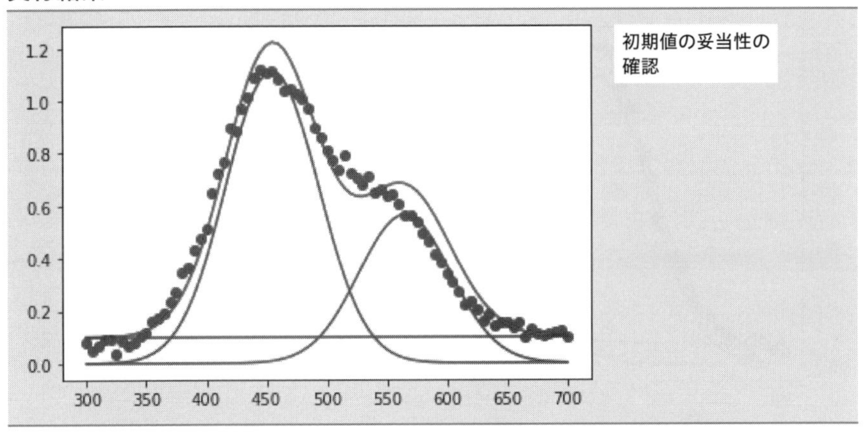

非線形最小二乗法が線形最小二乗法と異なるのは初期値が必要だということです．ここではcurve_fit関数の引数に初期値piniを入力しています．初期値を省略すると，全ての初期値が1で計算されます．

1002.ipynb

```
from scipy.optimize import curve_fit
p, cov = curve_fit(fitfunc, x, y, pini)
fit = fitfunc(x, p[0], p[1], p[2], p[3], p[4], p[5], p[6], p[7])
p1 = gauss(x, p[0], p[1], p[2])
p2 = gauss(x, p[3], p[4], p[5])
p3 = p[6] * x + p[7]
pyplot.scatter(x, y)
pyplot.plot(x, fit, c="red")
pyplot.plot(x, p1, c="green")
pyplot.plot(x, p2, c="green")
pyplot.plot(x, p3, c="green")
pyplot.show()
print("a1 =", p[0], " a2 =", p[3])
print("c1 =", p[1], " c2 =", p[4])
print("w1 =", p[2], " w2 =", p[5])
print("a =", p[6], " b =", p[7])
```

実行結果

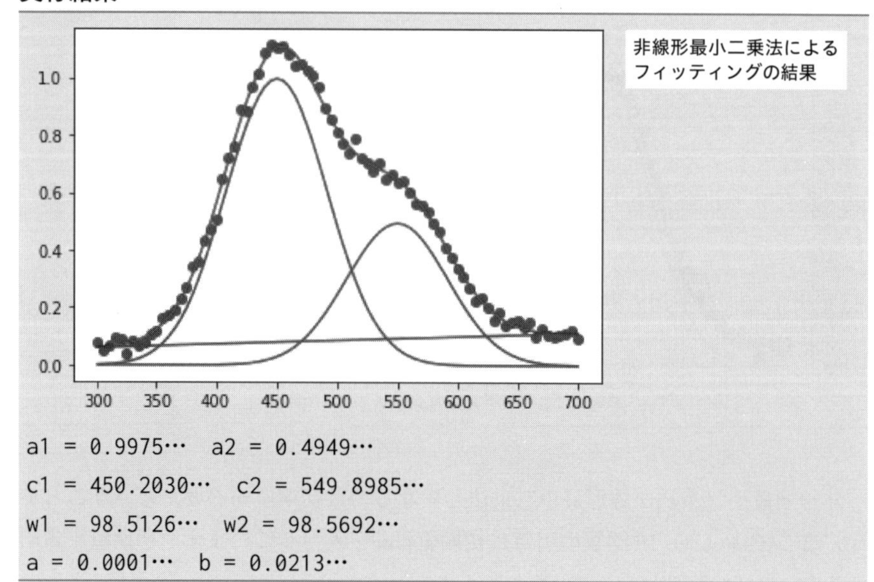

非線形最小二乗法は初期値によって結果が変わってくるので，次の残差や決定係数を確認しながら初期値を変えて，よりよいフィッティングを目指してください．

1002.ipynb

```
pyplot.scatter(x, y-fit)
pyplot.plot(x, x*0, c="red")
pyplot.show()
numpy.corrcoef(y, fit)[0, 1] ** 2
print("R^2 =", numpy.corrcoef(y, fit)[0, 1] ** 2)
```

実行結果

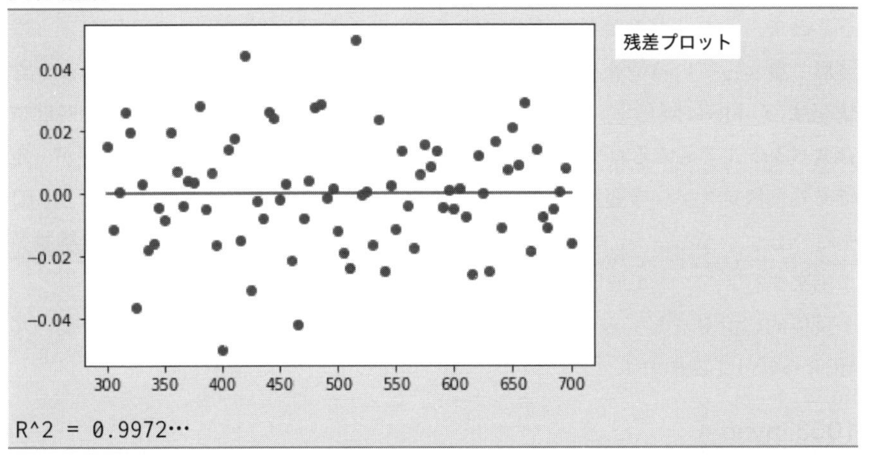


```
R^2 = 0.9972…
```


10.3 多変量スペクトル分解（MCR）

ここまで，1つの波形データをフィッティングによって分離することを考えてきましたが，次にLC-MSやTG-IRといった複数の波形データから情報を分離することを考えてみます．例えば理想的なLC-MSで，クロマトグラムにもマススペクトルにも1成分の情報しかないときは次のようなデータが得られるでしょう．

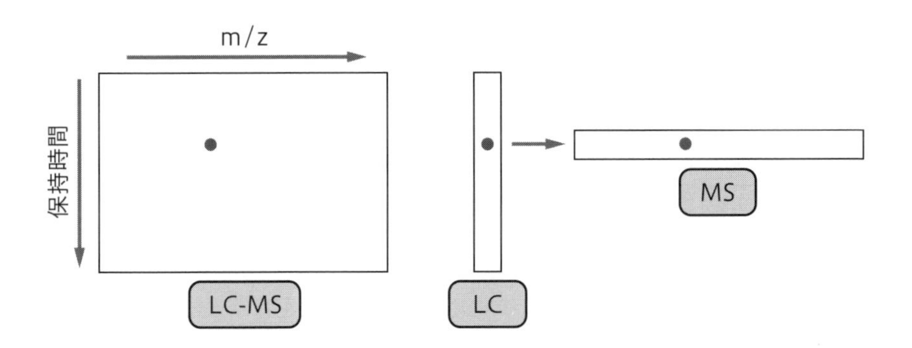

LC-MSは，LC測定を行いながら，各保持時間におけるMSを連続測定します．ですから，LCで信号があらわれた保持時間におけるMSは，そのタイミングでカラムから溶出してきた化合物のMSになります．このときに，LCのピークは重なっ

ているけど，MSのピークが分離していれば，各m/zにおけるクロマトグラムを使うことで，それぞれの定量分析が可能です．しかし，LCもMSもほぼ同じような波形で重なっている情報を分離するにはどうしたらよいでしょうか？ このような状況はLC-MSに限らず，例えば反応追跡を分光分析によって行ったときの時間依存スペクトルでもみられます．そのようなときは，純物質のスペクトル波形が一定であると仮定して，多変量スペクトル分解（Multivariate Curve Resolution, MCR）を行うとよいでしょう．MCRは，例えば時間依存スペクトルにおいて，各純物質に由来するスペクトル波形の強度情報を時間方向に分離してくれます．

具体的に計算をしてみましょう．ここでは第6章で準備したdata6.csvを使ってMCRを行ってみます．

1003.ipynb

```
filename = "data6.csv"
data = pandas.read_csv(filename, header=0, index_col=0).T
data.T.plot()
```

実行結果

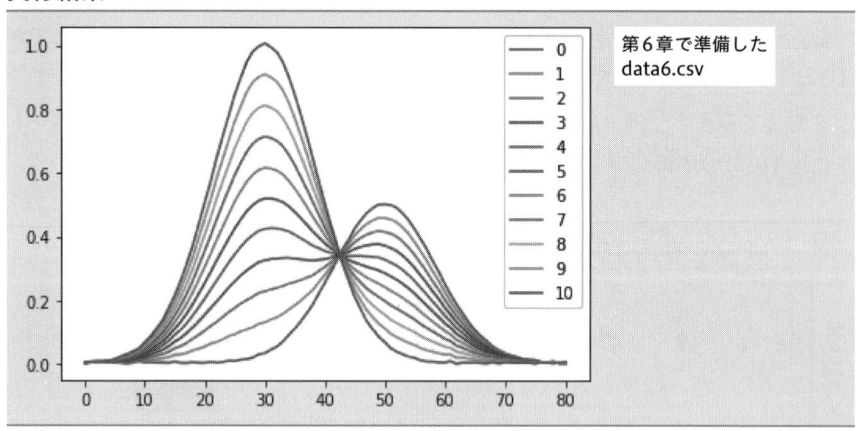

MCRはデータと計算の誤差を最小化する最小二乗法を行うので，何らかの初期値が必要です．初期値としてよく用いられるのは，純物質のスペクトル，予測される信号強度プロファイル，乱数の3つです．ここでは初期値として，`data.iloc[0]`と`data.iloc[10]`を使ってみたいと思います．

1103.ipynb

```
init_spec = pandas.DataFrame([data.iloc[0].values,
data.iloc[10].values], columns = data.columns)
init_spec.T.plot()
```

実行結果

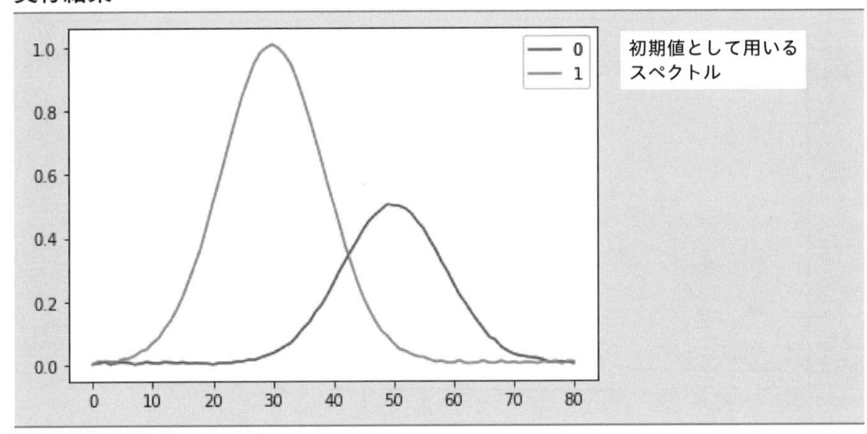

PythonでMCRの計算をするにはpyMCRというライブラリを使います．pyMCRはAnacondaに含まれていません．現在使っているシステムにpyMCRが含まれているかどうかを確認するために，まず，Anaconda Powershell Promptを起動して`conda info pymcr`を実行してみてください．もしpyMCRが含まれていない場合は，Anaconda Powershell Promptから`conda install -c conda-forge pymcr`を実行してインストールします．

pyMCRの使い方はsklearnと同様に，インスタンスを準備してfitメソッドにデータを渡します．そのときの第2引数に初期値を入れますが，スペクトルのような説明変数方向の場合はSTに，濃度のようなサンプル方向の場合はCに初期値を代入します．MCRの結果は.ST_opt_と.C_opt_に出力されるので，pandas.DataFrameオブジェクトに変換して確認してみましょう．

1003.ipynb

```
from pymcr.mcr import McrAR
mcr = McrAR()
mcr.fit(data.values, ST=init_spec)
```

```
ST_opt = pandas.DataFrame(mcr.ST_opt_.T, index=data.columns.T)
ST_opt.plot()
C_opt = pandas.DataFrame(mcr.C_opt_, index=data.index)
C_opt.plot()
```

実行結果

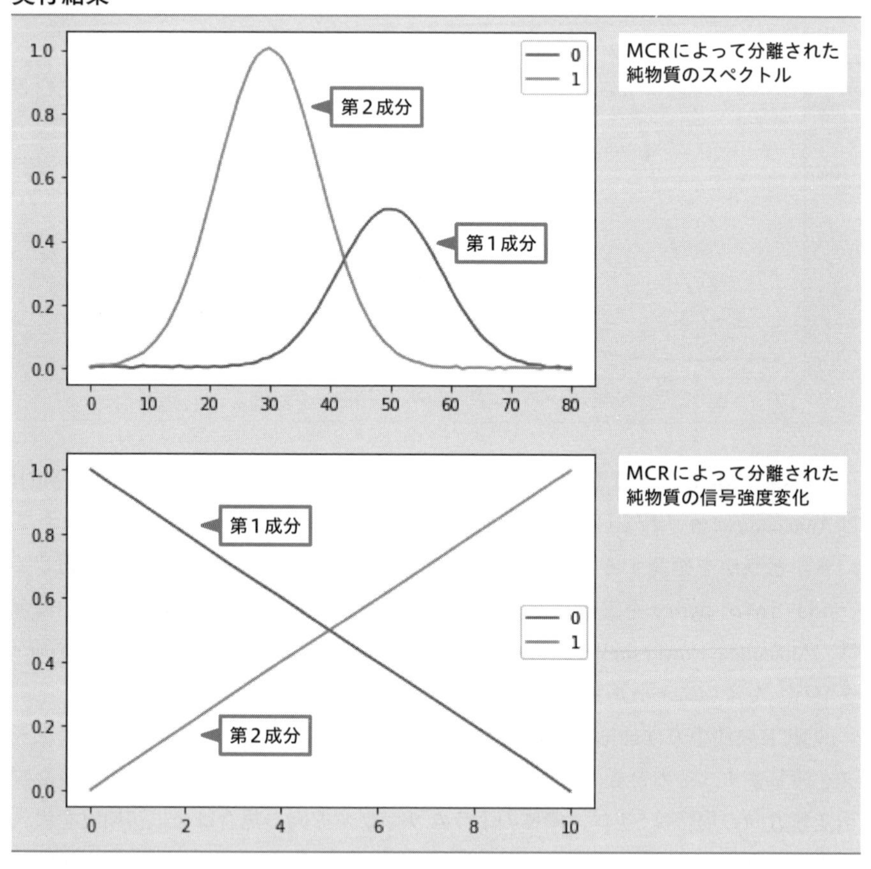

純スペクトルとそれに対応する変化の情報が得られています.

11 二次元相関分光法

二次元相関分光法（2D-COS）は，各説明変数vにおけるサンプル変数t方向の信号変化の相関を全ての説明変数間で計算し，2次元面にプロットする解析方法です．このとき，同時相関スペクトルと異時相関スペクトルの2つを二次元プロットして，測定データから直接読み取ることが困難な情報を抽出します．

ここではシグモイド関数

$$p(t) = \frac{1}{1 + \exp(-t)}$$

による次のような4つの信号変化を使って計算をしてみたいと思います．

1100.ipynb

```
t = numpy.arange(0, 11, 1)
p1 = 1 / (1 + numpy.exp(-1 * (t - 4)))
p2 = 1 / (1 + numpy.exp(-1 * (t - 6)))
p3 = 1 - 1 / (1 + numpy.exp(-1 * (t - 4)))
p4 = 1 - 1 / (1 + numpy.exp(-1 * (t - 6)))
pyplot.plot(t, p1, label="20")
pyplot.plot(t, p2, label="40")
pyplot.plot(t, p3, label="60")
pyplot.plot(t, p4, label="80")
pyplot.legend()
pyplot.show()
```

実行結果

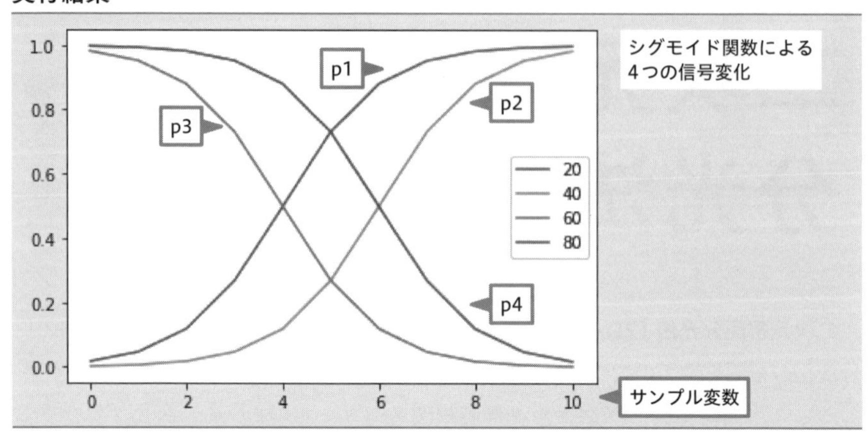

サンプル変数tに対してp1($v = 20$)とp2($v = 40$)は増加しており，p1($v = 20$)の方がp2($v = 40$)より早く変化が始まっています．同様に，p3($v = 60$)とp4($v = 80$)は減少しており，p3($v = 60$)の方がp4($v = 80$)より早く変化が始まっています．これらの信号変化を与えたデータセットをつくってみましょう．

1100.ipynb

```
x = numpy.arange(0, 101, 1)
y1 = numpy.array([p1]).T * numpy.exp(-4 * numpy.log(2) * (x - 20)
** 2 / 90)
y2 = numpy.array([p2]).T * numpy.exp(-4 * numpy.log(2) * (x - 40)
** 2 / 90)
y3 = numpy.array([p3]).T * numpy.exp(-4 * numpy.log(2) * (x - 60)
** 2 / 90)
y4 = numpy.array([p4]).T * numpy.exp(-4 * numpy.log(2) * (x - 80)
** 2 / 90)
y = y1 + y2 + y3 + y4
data = pandas.DataFrame(y, index=t, columns=x)
data.T.plot(legend=False)
data.T.to_csv("data7.csv")
```

実行結果

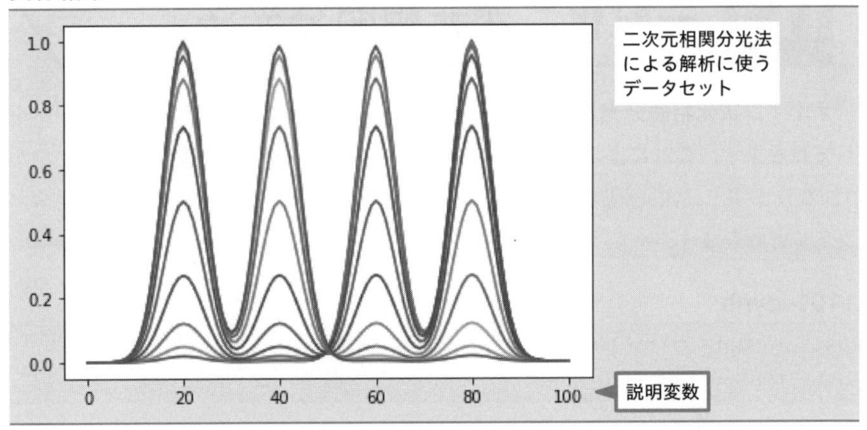

説明変数が20, 40, 60, 80におけるサンプル変数方向の変化が，それぞれp1, p2, p3, p4の変化に対応しています．このデータセットを使って二次元相関分光法による解析を行ってみます．

11.1 一般化二次元相関分光法

まず，**二次元相関分光法**の解析をする前に，4.5.1項で説明したセンタリングをしておきます．これにより，各説明変数におけるサンプル方向の信号変化は平均が0になります．二次元相関分光法では，このようなスペクトルをダイナミックスペクトルと呼びます．

1101.ipynb

```
data -= data.mean()
data.T.plot(legend = None)
```

実行結果

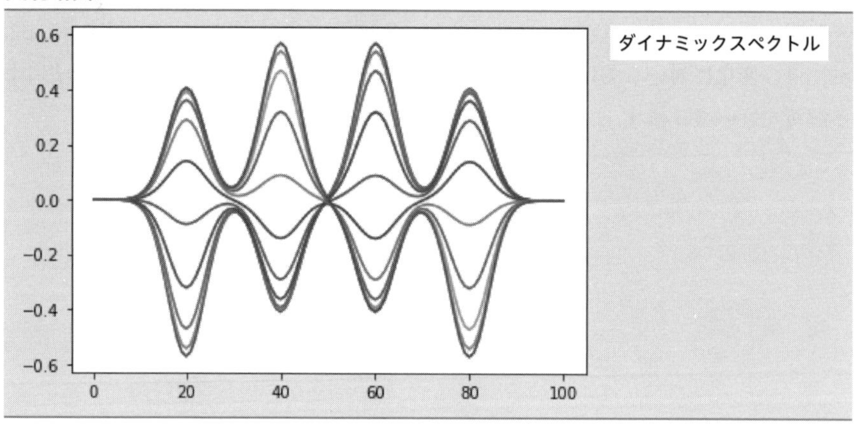

次に，pandas.DataFrameオブジェクトを入力すると，等高線によって2次元マッピングする関数を準備しておきます．ここでは，正の信号は赤色，負の信号は青色となるようにcmap="bwr"としました．

1101.ipynb

```
def contour(data):
    x = data.columns[0:].astype(float)
    y = data.index[0:].astype(float)
    z = data.values
```

```
    zmax = numpy.absolute(z).max()
    pyplot.figure(figsize=(6, 6))
    num_contour = 16
    pyplot.contour(x, y, z, num_contour, cmap="bwr", vmin=-1 *
zmax, vmax=zmax)
    pyplot.show()
```

同時相関スペクトルは，ダイナミックスペクトル$\tilde{y}(v)$を用いて

$$\phi(v_1, v_2) = \frac{1}{n-1}\sum_{j=1}^{n}\tilde{y}(v_1, t_j)\ \cdot \tilde{y}(v_2, t_j)$$

で計算されます．ここで，nはサンプルサイズ，tはサンプル変数です．

1101.ipynb

```
sync = pandas.DataFrame(data.T.values @ data.values / (len(data) -
1), index=data.columns, columns=data.columns).T
contour(sync)
```

実行結果

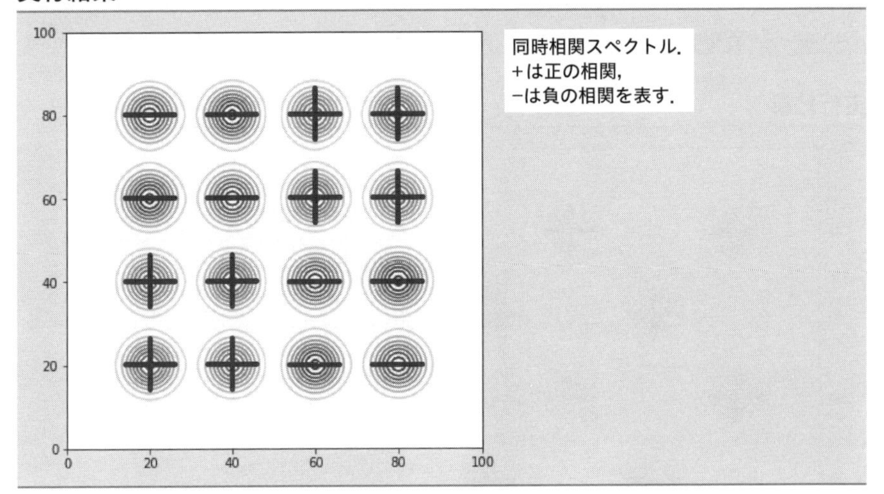

異時相関スペクトルを計算するには，次の**ヒルベルト－野田変換行列**を使います．

$$M_{jk} = \begin{cases} 0 & j = k \text{ であるとき} \\ \dfrac{1}{\pi(k-j)} & \text{それ以外} \end{cases}$$

1101.ipynb

```
from math import pi
noda = numpy.zeros([len(data), len(data)])
for i, j in numpy.ndindex(noda.shape):
    if i != j: noda[i, j] = 1 / pi / (j - i)
```

このヒルベルトー野田変換行列を使って異時相関スペクトルは次のように計算します.

$$\Psi(v_1, v_2) = \frac{1}{n-1} \sum_{j=1}^{n} \tilde{y}(v_1, t_j) \ \cdot \sum_{k=1}^{n} M_{jk} \cdot \tilde{y}(v_2, t_k)$$

1101.ipynb

```
asyn = pandas.DataFrame(data.T.values @ noda @ data.values /
(len(data) - 1), index=data.columns, columns=data.columns).T
contour(asyn)
```

実行結果

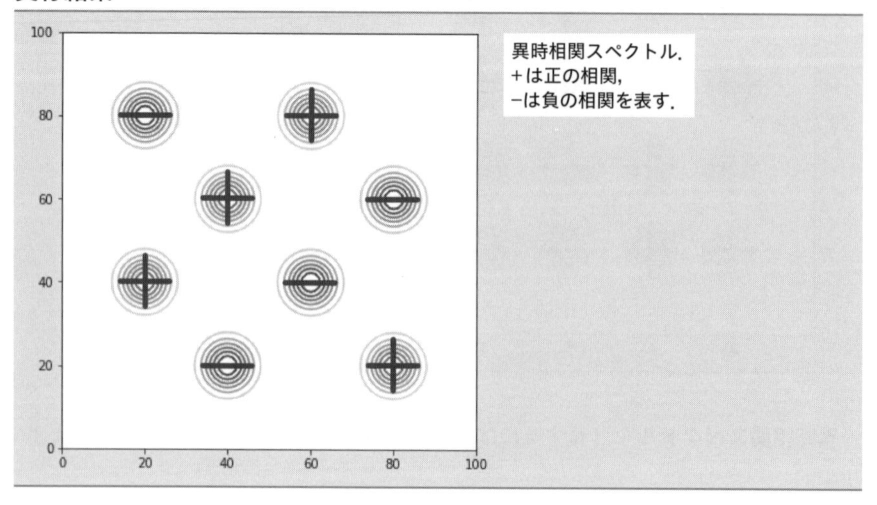

異時相関スペクトル.
+は正の相関,
−は負の相関を表す.

ここで，各説明変数における信号の変化と，二次元相関の符号の関係を確認しておきましょう．190頁の図に示すように，例えば$v_1 = 20$と$v_2 = 40$ではどちらもサンプル変数方向に減少しており，このときの同時相関の符号は正となっています．また，$v_1 = 60$と$v_2 = 80$ではどちらもサンプル変数方向に減少しており，このときの同時相関の符号も正となっています．このように，比較する2つの信号が同方向に変化するとき，同時相関は正の相関となります．逆に，$v_1 = 20$ではサンプル変数方向に増加しているのに対し，$v_2 = 60$ではサンプル変数方向に減少しており，このときの同時相関の符号は負となっています．このように，比較する2つの信号が異方向に変化するとき，同時相関は負の相関となります．

次に異時相関の符号を確認してみましょう．$v_1 = 20$と$v_2 = 40$では，v_1の増加がv_2の増加よりも先に始まっており，このときの異時相関は正となっています．逆に，$v_1 = 80$と$v_2 = 60$では，v_1の減少がv_2の減少よりも後に始まっており，このときの異時相関は負となっています．このことから，異時相関の符号だけによって変化の後先を決められそうですが，例外があるので注意が必要です．例えば$v_1 = 20$と$v_2 = 80$では，v_1の増加がv_2の減少よりも先に始まっていますが，異時相関の符号が負になっています．変化の後先は，厳密には同時相関Φと異時相関Ψを複素平面で考えたときの位相角$\Theta = \tan^{-1}(\Psi/\Phi)$によって考えますが，ここではその結果を表11.1.1にまとめておきたいと思います．

表 11.1.1 二次元相関スペクトルの解釈

同時相関	異時相関	サンプル変数方向の変化
$\Phi(v_1, v_2) > 0$	$\Psi(v_1, v_2) \sim 0$	v_1とv_2の変化は同方向で同時に起こる
$\Phi(v_1, v_2) > 0$	$\Psi(v_1, v_2) > 0$	v_1とv_2の変化は同方向でv_1はv_2より先に起こる
$\Phi(v_1, v_2) > 0$	$\Psi(v_1, v_2) < 0$	v_1とv_2の変化は同方向でv_1はv_2より後に起こる
$\Phi(v_1, v_2) < 0$	$\Psi(v_1, v_2) \sim 0$	v_1とv_2の変化は異方向で同時に起こる
$\Phi(v_1, v_2) < 0$	$\Psi(v_1, v_2) > 0$	v_1とv_2の変化は異方向でv_1はv_2より後に起こる
$\Phi(v_1, v_2) < 0$	$\Psi(v_1, v_2) < 0$	v_1とv_2の変化は異方向でv_1はv_2より先に起こる

11.2 PCMW2D相関法

従来の二次元相関分光法では，説明変数と説明変数の相関が2次元平面にプロットされるので，サンプル変数方向の情報を読み取ることができませんでした．そこで，説明変数とサンプル変数の相関を計算し，2次元平面にプロットする，**Perturbation-Correlation Moving-Window Two-Dimensional（PCMW2D）相関法**が考え出されました．PCMW2D相関法はMoving-Windowの考え方が使われており，サンプル変数方向に移動する窓（部分行列）内で説明変数とサンプル変数との相関が計算されます．

$$\Pi_{\Phi,j}(v,t_j) = \frac{1}{2m}\sum_{J=j-m}^{j+m} \tilde{y}(v,t_J)\cdot\tilde{t}_J$$

1102.ipynb

```
window = 3
sync = numpy.zeros(data.shape)
for i in range(window // 2, len(data) - window // 2):
    y = data.iloc[i - window // 2 : i + window // 2 + 1]
    y -= y.mean()
    t = y.index - numpy.mean(y.index)
    sync[i] = t @ y / (window - 1)
sync = pandas.DataFrame(sync, index=data.index,
columns=data.columns)
contour(sync)
```

実行結果

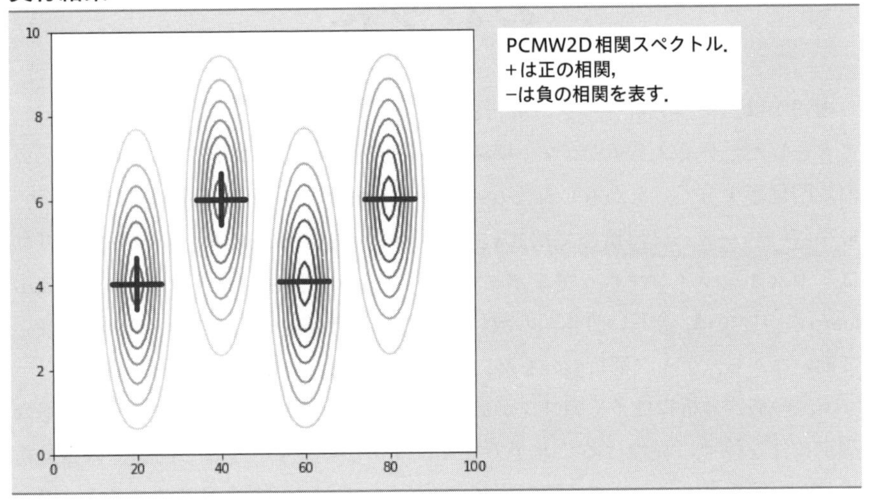

従来の二次元相関分光法では，相関値が説明変数－説明変数平面にプロットされるのに対し，PCMW2D相関法では，相関値が説明変数－サンプル変数平面にプロットされるので，各説明変数におけるサンプル変数方向の変化を直接的に読み取ることが可能です．例えばp1$(v = 20)$ではサンプル変数が$t = 4$付近で正の相関ピークがみられ，ちょうどこのときにp1における信号変化の勾配が最大となっているのがわかります．あるいはp4$(v = 80)$ではサンプル変数が$t = 6$付近で負の相関ピークがみられ，ちょうどこのときにp4における信号変化の勾配が最小（負に最大）となっているのがわかります．

おわりに

本書では，機器分析データの解析について，Pythonによる実践的な解説を行ってきました．ケモメトリックスや機械学習を含めて網羅的に紹介をしたので，各々の説明は不十分だったかもしれません．さまざまなメソッドの使い方についても，最小限のパラメータに留めて紹介しています．幸い，本書で扱ったライブラリには丁寧なオンラインマニュアルがありますし，機械学習ライブラリであるscikit-learnについては，詳しい日本語の教科書が豊富に出版されています．それらを使って補いながら，データ解析の腕を磨いてほしいと思います．

実際の機器分析には多くのコツがあり，キャリアを積むごとに上達して，最適な測定条件を徐々に見つけることができるようになります．それと同様に機器分析データの解析も，キャリアを積むごとに上達し，最適な計算条件を決めることができるようになります．本書をきっかけとして，皆様が機器分析におけるデータサイエンスのエキスパートになっていただければ幸いです．

索引

あ

か

さ

た

な

は

ま

や

ら

〈著者略歴〉
森田　成昭（もりた しげあき）
大阪電気通信大学 工学部 基礎理工学科 教授
博士（学術）
1996 年 東京農工大学 工学部 卒業
2001 年 東京農工大学大学院 生物システム応用科学研究科 修了
2007 年 名古屋大学 エコトピア科学研究所 助教
2012 年 大阪電気通信大学 工学部 准教授
2017 年より現職

• イラスト　福原やよい

Pythonで始める機器分析データの解析とケモメトリックス

2022 年 9 月 20 日　第 1 版第 1 刷発行
2024 年 5 月 10 日　第 1 版第 2 刷発行

著　者　森田成昭
発行者　村上和夫
発行所　株式会社 オーム社
郵便番号　101-8460
東京都千代田区神田錦町 3-1
電話　03(3233)0641(代表)
URL　https://www.ohmsha.co.jp/

組版　リブロワークス　　印刷・製本　三美印刷
ISBN978-4-274-22918-3　Printed in Japan